复杂油气田文集

（2021年 第一辑）

刘国勇 主编

石油工业出版社

内 容 提 要

本文集收录了中国石油冀东油田公司等单位近期科研成果,包括地质勘探、油田开发、工程技术等方面内容,具有较高的理论水平和实践指导意义,对我国复杂油气田的勘探与开发具有一定的参考价值。

本书可供油田地质人员、开发人员、工程技术人员和石油院校相关专业师生参考使用。

图书在版编目(CIP)数据

复杂油气田文集.2021年.第一辑/刘国勇主编 .
—北京:石油工业出版社,2021.7
ISBN 978-7-5183-4742-1

Ⅰ.①复… Ⅱ.①刘… Ⅲ.①复杂地层-油气勘探-文集②复杂地层-油气田开发-文集 Ⅳ.
①P618. 130. 8-53②TE3-53

中国版本图书馆 CIP 数据核字(2021)第 140149 号

出版发行:石油工业出版社
　　　　　(北京安定门外安华里 2 区 1 号　100011)
　　　　　网　　址:www.petropub.com
　　　　　编辑部:(010)64523736　(0315)8766573
　　　　　图书营销中心:(010)64523633
经　　销:全国新华书店
印　　刷:北京晨旭印刷厂

2021 年 7 月第 1 版　2021 年 7 月第 1 次印刷
889 毫米×1194 毫米　开本:1/16　印张:5
字数:150 千字

定价:25. 00 元
(如出现印装质量问题,我社图书营销中心负责调换)

目　　次

复杂油气田文集

2021 年　第一辑

主　　编　刘国勇
副 主 编　马光华
地　　址　河北省唐山市 51#甲区
　　　　　冀东油田公司勘探开发
　　　　　研究院
邮　　编　063004
电　　话　(0315)8766573
E － mail　fzyqt@petrochina.com.cn

Complex Oil & Gas Reservoirs

MAR. 2021

CONTENTS

老爷庙构造东营组岩矿学特征及对储层物性的影响

靳鹏菠

（中国石油冀东油田公司陆上作业区,河北　唐山　063004）

摘　要:老爷庙构造东营组储层存在非均质性,储层物性受控于岩矿学特征。在对大量薄片和岩心分析的基础上,从不同沉积微相和岩石类型角度,对东营组储层的岩矿学特征及其对储层物性的影响进行了研究。研究结果表明:从东三段到东一段,分选性变好,整体磨圆度较差,胶结方式由孔隙式胶结过渡到接触式胶结;由于物源供给稳定,陆源碎屑总量及其组分含量在各层位的变化不大。在东营组储层中,粒间孔隙是最主要的孔隙类型。储层物性与岩石粒度、分选性、磨圆度、接触关系及颗粒胶结类型密切相关,扇三角洲的水下分流河道储层物性最好,河口坝次之,浊积体最差;陆源碎屑的组分含量对储层物性影响不大。该成果对老爷庙构造东营组优势储层空间分布研究具有一定的指导意义。

关键词:老爷庙构造;东营组;岩矿学特征;储层物性

老爷庙构造位于南堡凹陷北部西南庄断层下降盘,是一个受凹陷北部边界断层控制的继承性发育的滚动背斜构造[1-4],面积约 150km^2。前人对南堡凹陷东营组储层特征及影响因素进行了一些研究[5-8],认为碎屑岩的碎屑和填隙物成分是影响孔隙变化的根本因素;刘晓等[9]、王兆峰等[10]对冀东油田老爷庙构造东营组储层进行了研究,认为老爷庙构造随着埋深的增大,孔隙度、渗透率明显下降,好的储集物性分布于扇三角洲前缘水下分流河道砂体。老爷庙东营组储层的非均质性与岩矿学特征关系密切,岩矿学特征是制约储层品质的根本性因素。因此,本文通过岩心观察、岩石薄片鉴定等方法,对储层的岩石类型、矿物的种类、产状、含量、分布特点及空间变化进行系统研究,深入揭示储层岩矿学特征,在此基础上分析与储层物性关系,明确有利储层的岩矿学特征。

1　东营组岩矿学特征

1.1　岩石结构特征

老爷庙构造东三段整体风化度中等,分选性差到中等,磨圆度较差,为次棱角—次圆状,颗粒之间接触关系为点—线接触,以孔隙胶结为主(表 1)。东二段整体风化度较高,分选性和磨圆度为中等,颗粒间以点接触为主(表 2)。东一段风化度、分选性和磨圆度均为中等,颗粒间为点接触,胶结类型为孔

隙(表 3)。

同一层位的不同沉积微相岩石结构特征不同。以东三段为例,水下分流河道、河口坝和浊积体的岩石粒径平均值分别为 0.20mm、0.15mm 和 0.75mm,分选性及磨圆度水下分流河道和河口坝较好,浊积体最差(表 1)。

不同岩性的岩石结构特征也不同。中砂岩风化度相对较好,但整体磨圆度较低,以点接触为主;细砂岩、粉砂岩风化程度低,分选性中等,磨圆度中等,颗粒以点—线接触为主;砂砾岩分选性和磨圆度较差,以孔隙胶结为主,颗粒点接触。

1.2　陆源碎屑组分特征

老爷庙构造东营组陆源碎屑以石英、岩屑和长石为主,陆源碎屑总量在 80% 左右。陆源碎屑总百分含量及各组分百分含量在各个层位上的变化不大,反映东营组沉积期具有相对稳定的物源供给。

不同的沉积微相陆源碎屑组分含量不同。以老爷庙构造东三段为例,石英百分含量以滨浅湖相最高、在浊积体最低;碱性长石百分含量在浊积体和水下分流河道最低,斜长石百分含量在浊积体最高、滨浅湖相最低(表 4)。

从岩性组合方面来看,不同岩性的陆源碎屑总百分量差异不明显。粉砂岩中碱性长石含量相对较低;其他碎屑岩含量差别不大。

表 1　老爷庙构造东三段不同沉积微相储层物性与岩石结构表

沉积微相	平均有效孔隙度（%）	水平渗透率（mD）	岩石结构						
			最大粒径（mm）	主要粒径（mm）	风化度	分选性	磨圆度	胶结类型	颗粒接触关系
水下分流河道	12.06	10.67	1.91	0.20	中	中	次圆状—次棱角状	孔隙	凹凸—线
河口坝	11.29	1.93	0.60	0.15	中	中	次棱角—次圆状	孔隙	点
浊积体	5.00	3.02	0.65	0.75	轻	差	次棱角—次圆状	孔隙	线
滨浅湖	9.08	0.11	0.30	0.07	中	好	次圆状—次棱角状	孔隙	点

表 2　老爷庙构造东二段不同沉积微相储层物性与岩石结构表

沉积微相	平均有效孔隙度（%）	水平渗透率（mD）	岩石结构						
			最大粒径（mm）	主要粒径（mm）	风化度	分选性	磨圆度	胶结类型	颗粒接触关系
水下分流河道	20.81	35.41	1.06	0.25	深—中	中	次棱角—次圆状	接触—孔隙	点
河口坝	13.92	66.86	0.76	0.10	深—中	中	次棱角—次圆状	孔隙	点
浊积体	8.38	0.3	0.53	0.15	中	中	次棱角—次圆状	孔隙	点线

表 3　老爷庙构造东一段不同沉积微相储层物性与岩石结构表

沉积微相	平均有效孔隙度（%）	水平渗透率（mD）	岩石结构						
			最大粒径（mm）	主要粒径（mm）	风化度	分选性	磨圆度	胶结类型	颗粒接触关系
水下分流河道	17.95	121.84	0.31	0.20	中	中	次圆状—次棱角状	孔隙	点
河口坝	16.1	41.1	0.26	0.12	中	中	次圆状—次棱角状	基底—孔隙	游离—点

表 4　老爷庙构造东三段不同沉积微相储层物性与陆源碎屑含量表

沉积微相	平均有效孔隙度（%）	水平渗透率（mD）	陆源碎屑含量（%）				
			石英	碱性长石	斜长石	岩屑	总量
水下分流河道	12.06	10.67	42.40	14.10	2.70	46.80	82.80
河口坝	11.29	1.93	45.20	30.32	2.14	21.45	82.93
浊积体	5.00	3.02	36.00	14.00	6.00	38.00	63.00
滨浅湖	9.08	0.11	52.00	25.00	1.50	19.50	80.60

2　东营组储层孔隙结构与物性特征

2.1　储层孔隙结构特征

老爷庙构造东营组储层岩石的孔隙类型主要有四类：粒间孔隙、粒间溶孔、铸模孔隙和微裂隙（图1），其中粒间孔隙是最主要的孔隙类型。

原生孔隙是与沉积作用同时形成的孔隙，包括粒间溶孔和粒内溶孔。本区粒间溶孔比较常见，孔径大小不等，一般为 $50\mu m$ 左右，最大可达 $100\mu m$，常呈不规则多边形[图1（a）]。

粒间孔隙主要为岩屑及长石等颗粒溶蚀形成，

其形状一般不规则，边缘常呈锯齿状及港湾状，孔径大小相差也较悬殊，小的需借助扫描电镜才能分辨；粒间孔隙一般孔隙半径较小，连通性一般，为次要的储集空间[图1（b）]。

铸模孔隙表现为碎屑颗粒遭受溶蚀，颗粒内部完全溶蚀，但颗粒轮廓却保存完整。这些颗粒多为长石或岩屑颗粒，孔隙直径较大，但是这类孔隙连通性一般，为次要的储集空间[图1（c）]。

储层岩石中的微裂隙从形成机理上考虑，可分为成岩作用形成的微裂隙和构造作用形成的微裂隙[图1（d）]。

(a) 粒间溶孔, M29×1, 2485.13m, X10

(b) 粒间孔隙, M28×1, 3541.1m, X10

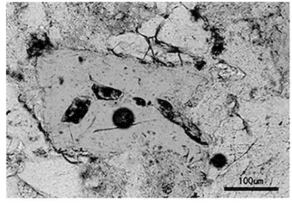

(c) 铸模孔隙, M28×1, 3236m, X10

(d) 微裂隙, M28×1, 3547.2m, X10

图 1　老爷庙构造东营组储层孔隙类型(规范镜下倍数)

2.2　岩石物性垂向变化

东营组储层的孔隙度与渗透率在垂向上具有一定的变化规律。东一段孔隙度最大,以大于 20% 为主;东二段次之,以大于 18% 为主;东三段最差,以 10～22% 之间为主。渗透率同样以东一段最大,普遍在50～200mD;东二段次之,基本在10～50mD 之间;东三段最差,集中分布在 1～10mD 之间(图 2);通过钻井资料证实,可以发现从东一段到东三段,有效孔隙度、渗透率整体均呈减小的趋势。

3　岩矿学特征对储层物性的影响

3.1　岩石结构对储层物性的影响

在同一层位中,不同沉积微相的储层物性有着显著差异。如在东一段,以水下分流河道物性最好,其有效孔隙度和水平渗透率均较高。水下分流河道、河口坝等物性整体呈逐渐下降的趋势(表 3)。从东一段不同沉积微相的岩石结构来看,水下分流河道中岩石粒径较大,分选性中等,呈次棱角—次圆

状,为接触—孔隙式胶结,这些特征相较于同层位其他沉积微相而言,对于提高储层物性是有利的(表 3)。

从东三段到东一段,同一成因类型的储层物性逐渐变好,储层的岩石结构分选性变好,胶结方式由以孔隙式胶结为主向上过渡为以接触—孔隙式胶结或接触式胶结为主(表 1 至表 3)。储层物性的变化规律与东营组岩石结构整体变化的趋势一致。

在同一层位中,储层物性与岩石粒度方面存在正相关,粗、中砂岩的储层物性往往相对较好,同时接触—孔隙式胶结或接触式胶结也更有利于储层原生孔隙的保留。但从整个东营组而言,相同类型的岩石在不同层位上的物性也存在差异,如东一段细砂岩水平渗透率为 117mD,而东三段细砂岩水平渗透率降至 7.39mD。

总之,由东三到东一段,储层物性大致呈逐渐变好的趋势;而在同一层位内,不同的沉积微相或不同岩石类型储层物性也存在差异,由水下分流河道向河口坝、前缘泥逐渐变差,岩石粒度由粗到细,物性

也逐渐降低。东营组物性较好的储层,粒度相对较粗,分选相对较好,磨圆度以次棱角—次圆状或次圆状为主,接触关系多数为点接触,胶结类型以接触—孔隙式或接触式为主。这些特点使岩石具有较大的有效孔隙度和有效渗透率。

3.2 陆源碎屑及杂基含量对储层物性的影响

在同一层位中,不同沉积微相的物性存在较大差异,但各沉积微相的陆源碎屑总百分含量及组分百分含量变化不大,上部层位储层的物性明显好于下部,表明沉积微相的陆源碎屑的组分含量对于东营组不同亚段储层的物性并没有直接关系。在相同层位不同沉积微相中,陆源碎屑随着含量增大,储层物性有变好的趋势。

在岩石类型方面,同一层位不同岩性储层所含碎屑成分含量相差无几,但物性区别较大;而不同层位同种岩性储层的物性与其碎屑成分含量的关系也不大;陆源碎屑的组分含量并不是影响东营组储层物性的关键因素。

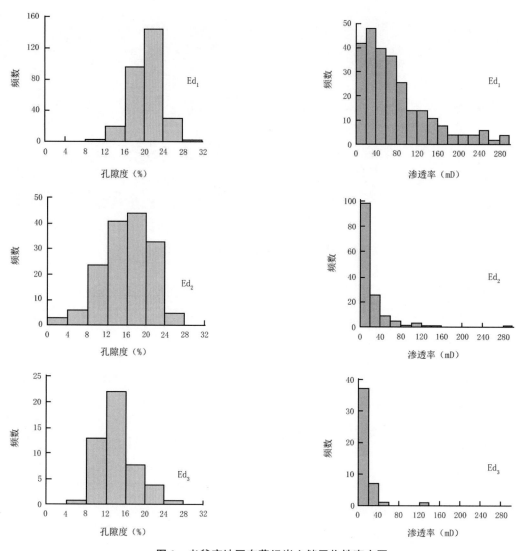

图 2　老爷庙地区东营组岩心储层物性直方图

4　结论

(1)从岩石结构看,老爷庙构造东营组储层整体上以分选性中等,磨圆度较差,从东三段到东一段,储层分选性逐渐变好,胶结方式由以孔隙式胶结为主转变为以接触—孔隙式胶结或接触式胶结为主。

(2)从碎屑颗粒组成及含量看,陆源碎屑颗粒以石英、碱性长石和岩屑为主,含少量斜长石,各组分百分含量在各个层位上的变化不大,东营组在沉积时具有相对稳定的物源供给。

（3）岩石的孔隙类型主要有 4 种，但以粒间孔隙为主，物性较好。从东三段到东一段，有效孔隙度、有效渗透率整体均呈变好的趋势。

（4）储层物性与岩石粒度、分选性、磨圆度、接触关系及颗粒胶结类型密切相关。水下分流河道粒度相对较粗，分选性相对较好，磨圆度以次棱角—次圆状或次圆状为主，接触关系多数为点接触，胶结类型以接触—孔隙或接触式为主，储层物性较好。

参 考 文 献

[1] 马乾,张军勇,李建林,等.南堡凹陷扭动构造特征及其对油气成藏的控制作用[J].大地构造与成矿学,2011,35(2):183-189.

[2] 范柏江,刘成林,柳广弟,等.南堡凹陷断裂系统形成机制及构造演化研究[J].西安石油大学学报:自然科学版,2010,25(2):13-23.

[3] 王晓文,董月霞.老爷庙构造石油地质特征与油气分布[J].石油与天然气地质,2000,21(4):341-344.

[4] 王家豪,王华,周海民,等.河北南堡凹陷老爷庙油田构造活动与油气富集[J].现代地质,2002,16(2):205-208.

[5] 王华,姜华,林正良,等.南堡凹陷东营组同沉积构造活动性与沉积格局的配置关系研究[J].地球科学与环境学报,2011,33(1):70-77.

[6] 吴琳娜,吴海涛,刘翠琴,等.南堡凹陷东营组储层特征及影响因素分析[J].石油地质与工程,2013,27(4):20-23.

[7] 徐龙,王振奇,张昌民,等.南堡凹陷下第三系储层特征及其影响因素[J].石油天然气学报,1994,16(2):21-26.

[8] 王志欣,徐怀民,信荃麟,等.冀东油田北堡地区东营组储层特征及其主控因素[J].石油大学学报:自然科学版,1996,20(2):1-5.

[9] 刘晓,曹中宏,刘翠琴,等.老爷庙构造东营组储层特征及有利含油相带预测[J].石油与天然气地质,2000,21(4):333-336.

[10] 王兆峰,金振奎,汪焰,等.冀东老爷庙构造古近系东营组沉积相对储层质量的控制作用[J].石油天然气学报(江汉石油学院学报),2009,31(5):174-181.

作者简介 靳鹏菠(1983—),男,工程师,2005 年毕业于长江大学经济管理专业,获学士学位;现主要从事开发采油管理方面工作。

（收稿日期:2021-1-28   本文编辑:谢红）

南堡 1-5 区高含水油藏储层伤害因素与对策

吴晓红

(中国石油冀东油田公司钻采工艺研究院,河北 唐山 063000)

摘 要:中低渗透油藏高含水开发后期,储层微观结构、流体分布均发生复杂变化,若油层保护针对性不强极易进一步伤害储层。以南堡 1-5 区东一段为例,开展了高含水开发后期储层特性、剩余油分布规律及伤害因素评价研究,结果表明该油藏储层物性下降、孔喉尺寸降低,剩余油多滞留于孔喉细小的低渗透条带中,其伤害因素以水锁伤害为主,其次为固相伤害及液相敏感性。从提高广谱性成膜封堵及防水锁能力入手,对油层段钻井液体系进行了优化,优化后配方对储层岩心渗透率恢复值达到 92% 以上,现场应用平均日产油量明显提高,满足了南堡凹陷东一段中低渗透高含水油藏保护需求。

关键词:高含水;剩余油;伤害机理;钻井液;储层保护

随着勘探开发的不断深入,深层低—特低孔渗透油气藏成为研究的热点。但受限于开发技术,目前乃至未来一段时间内,国内各大油田在产能建设任务中起重要作用的仍然为中浅层中等孔渗油藏。因长期持续注水开发,这类油藏多进入高含水后期调整开发阶段。尤其对于中低渗透性、强水敏性油藏,储层渗透性、矿物特征、孔喉结构发生改变,更易受到外界因素影响,导致油相渗透率持续下降[1-10]。其中钻井液是最先与储层接触的外界流体,其对储层的作用尤为关键,针对性分析高含水后期储层物性、黏土矿物特征、孔喉结构、敏感性变化规律及剩余油微观分布规律,研究制定有效的钻井液储层保护技术措施是实现高含水油藏后期储层保护的关键,而目前关于此方面的研究较少[11-17]。

南堡 1-5 区东一段储层为浅湖环境的近源辫状河三角洲沉积,岩性以中细砂岩为主,埋深 2500～3300m,平均孔隙度为 22.9%,平均渗透率为 86.8mD,属于典型的中低渗透强水敏感性油藏。该区块天然能量不足,采用注水开发方式,目前油藏已进入高含水后期开发调整阶段。通过对南堡 1-5 区东一段高含水后期储层岩心开展物性、黏土矿物特征、孔喉结构、敏感性变化规律及剩余油微观分布规律评价分析,认为长期注水开发导致剩余油储集空间复杂化,储层物性降低、孔喉尺寸降低、非均质性加剧,剩余油多滞留于孔喉细小、毛管力高的低渗透条带,并针对性研究了低渗透条带的主要伤害因素,设计了解决方案,对原钻井液配方进行了封堵剂种类级配优

化及防水锁剂优选,评价结果显示所提出的方案能够有效降低钻井液对储层的伤害,现场应用也证明该方案提高了南堡 1-5 区东一段高含水油藏后期钻井储层保护效果。

1 注水开发前后储层特征变化规律分析

利用开发初期完钻井及高含水后期完钻井的实钻取心,通过物性、黏土矿物、孔喉结构、敏感性等分析化验,对比分析了南堡 1-5 区东一段油藏储层特征变化规律。结果表明:

(1)开发初期储层孔隙度在 14.3%～28.523% 范围内,平均为 23.73%,渗透率在 5.9～481.67mD 范围内,平均为 63.39 mD;高含水开发后期储层孔隙度在 11.43～26.3% 范围内,平均为 22.05%,渗透率在 9.5～394 mD 范围内,平均为 49.55mD,渗透率明显降低。

(2)开发初期储层平均黏土矿物含量为 5.26%、平均伊/蒙混层相对含量为 17.9%;高含水开发后期储层平均黏土矿物含量及伊/蒙混层相对含量分别提高至 10.88% 与 44.9%(图 1)。

(3)高含水开发后期储层平均孔喉半径、最大孔喉半径降低,排驱压力、分选系数呈增加趋势,压汞曲线变陡,储层非均质性加重(表 1)。

(4)储层水敏性减弱,由开发初期的中偏强—强敏感降低至高含水开发后期的中偏弱—中偏强敏感;碱敏性增强,由开发初期的无—中偏弱敏感转变为高含水开发后期的中偏弱敏感;润湿性仍属于强亲水性。

2 剩余油分布规律分析

南堡 1-5 区东一段属于辫状河三角洲沉积,地层纵向上具有低渗透条带、高渗透条带状非均质性,开发初期,高渗透条带大孔喉流动阻力低、原油贡献率高,经过多年注水开发剩余油在储层孔喉中的分布逐渐复杂化。通过实钻地层岩心观察及测井成果分析对高含水后期剩余油在层间、层内分布规律进行了研究。

2.1 层间非均质性分布规律分析

根据测井解释成果分析,受层间非均质性影响,高含水后期剩余油在小层间分布具有差异性,高渗透层流动阻力小,出油或进水速度快,含油饱和度低;而低渗透层孔喉尺寸小、流动阻力大,含油饱和度较高(图 2)。在高含水开发后期应注重保护含油饱和度较高的低渗透层,以利于对该部分剩余油的高效挖潜。

2.2 层内非均质性分布规律分析

高含水开发后期实钻取心横切面证实南堡 1-5 区层内纵向上中下部水驱冲刷较严重、剩余油较少,中上部剩余油含量较高,受冲刷影响剩余油呈条带状分布,低渗透条带轻微冲刷、含油饱和度较高,高渗透条带冲刷严重、含油饱和度低[图 3(a)(b)]。同一油层中应注重保护水驱冲刷程度低的低渗透条带。

表 1 高强度暂堵剂密度数据表

开发阶段	样品数(个)	孔喉度(%)	渗透率(mD)	排驱压力(MPa)	平均孔喉半径(μm)	最大孔喉半径(μm)	分选系数
开发初期	168	23.77	68.77	0.153	1.704	9.729	1.534
高含水后期	73	22.49	45.74	0.177	1.5	6.27	1.601

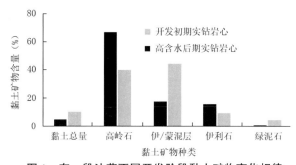

图 1 东一段油藏不同开发阶段黏土矿物变化规律

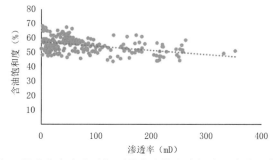

图 2 东一段油藏高含水后期测井含油饱和度与渗透率关系曲线

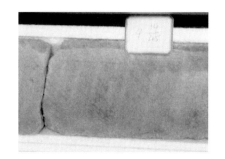

(a) 东一段油藏中上部高含水开发阶段轻微水洗岩心

(b) 东一段油藏中下部高含水开发阶段强水洗岩心

图 3 东一段油藏高含水开发阶段岩心

3 储层伤害机理评价分析

针对南堡 1-5 区东一段目前储层特征及剩余油在孔喉中分布规律,选取高含水后期低渗透条带钻井取心开展现有钻井液及模拟地层水伤害评价实验,评价分析了现有钻井液对储层的伤害因素及伤害程度。利用南堡 1-5 区东一段现场钻井液,配方为:3%膨润土浆 + 0.3%~0.5% KPAM + 2%~3%抗温降滤失剂 GT-98 + 2%~3%防塌剂 + 1.5%聚合醇 + 2%超低渗透剂 JDWS-Ⅰ + 3%~5%钾盐。

钻井液基本性能:密度为 1.25g/cm³、pH 值为 9～9.5、固相含量为 12%～15%、矿化度为 29563～35692mg/L。利用钻井液完井液伤害油层室内评价装置进行伤害实验,钻井液伤害实验步骤如下:(1)选取岩心,抽真空饱和地层水。(2)用煤油正向驱替岩心,测定其油相初始渗透率 K_0。(3)在 120℃、3.5MPa条件下在岩心端面循环钻井液及模拟地层水,反向动态伤害 125min。(4)用饱和煤油正向驱替岩心,测定其伤害后渗透率 K_1,计算岩心渗透率恢复值 K_1/K_0。(5)将岩心伤害端截取 1cm 后,用煤油正向驱替岩心,测定其渗透率 K_2,并计算渗透率恢复值 K_2/K_0[18-21]。

3.1 现有钻井液对低渗透储层岩心的伤害实验

实验结果如图 4 所示,现有钻井液对南堡 1-5

区东一段目前低渗透条带储层岩心具有一定伤害,反排渗透率恢复值在 70%～80%之间,钻井液伤害率平均为 25%左右。钻井液伤害主要包括固相伤害和液相伤害两部分。固相伤害一般发生在近井地带,侵入深度浅,室内通过截取 1cm 伤害端岩心消除固相伤害因素,测得截后渗透率恢复值在 80%～85%之间,说明钻井液固相伤害率平均为 10%左右。

3.2 现有钻井液滤液对低渗透储层岩心的伤害实验

钻井液滤液伤害分为液相敏感性等化学伤害及水锁物理伤害,室内为模拟钻井液滤液对岩心的伤害,在伤害过程中在岩心伤害端面垫入等直径滤纸垫片,阻止固相进入岩心,实验结果如图 5 所示,滤液伤害后岩心渗透率恢复值在 70%～85%之间,说明钻井液液相伤害率在 15%～30%之间。

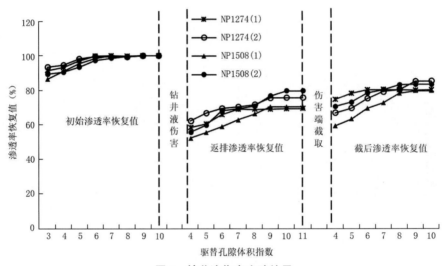

图 4　钻井液伤害实验结果

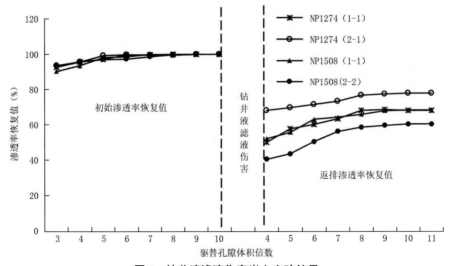

图 5　钻井液滤液伤害岩心实验结果

3.3　模拟地层水对低渗透储层岩心的水锁伤害实验

低渗透条带以细小孔喉为主，因具有孔喉尺寸小、毛管力大、强亲水性等特点，水相侵入后难以排除、滞留于细小孔喉中，造成含水饱和度升高、油相相对渗透率降低，即水锁伤害。实验评价了南堡 1−5 区东一段低渗透条带岩心在不同含水饱和度下的水锁伤害情况，实验步骤如下：(1)选取岩心，抽真空饱和模拟地层水。(2)用气体渗透率测量仪采用恒压法驱替，直到达到需要的含水饱和度为止。(3)用煤油正向驱替岩心，测定其油相初始渗透率 K_0。

(4)岩心反向驱替模拟地层水 1～2PV，静置 10h 以上，让水相与岩心充分渗透。(5)用煤油正向驱替岩心，测定其伤害后渗透率 K_1，计算水锁伤害率 $(K_0-K_1)/K_0$ [22-27]。

结果显示南堡 1−5 区东一段低渗透条带储层存在水锁伤害，渗透率越低、初始含水饱和度越低，伤害率越大。根据储层含水饱和度在 30%～45% 范围内，确定储层水锁伤害在 10%～29% 范围内(表 2)，与前述钻井液滤液伤害率比较，认为滤液对储层造成的敏感性伤害率在 5%～10% 范围内。

表 2　水锁伤害评价结果

井号	岩心号	孔喉度(%)	含水饱和度(%)	渗透率(mD)			伤害率(%)
				气测 K_a	油相 K_1	伤害后油相 K_2	
NP15−04	1−3	21.25	15.4	12.58	16.25	8.67	46.65
	2−3	22.66	27.5	53.91	24.58	15.88	35.39
	1−4	21.57	43.6	28.82	18.37	16.63	9.47
NP15−08	3−3	22.05	30.8	14.83	8.64	6.13	29.05
	4−3	20.98	38.4	45.25	22.56	19.96	11.52

4　钻井液保护措施及解决方案

通过前述对南堡 1−5 区东一段目前低渗透条带储层特征及伤害机理评价分析，确定该区块存在水锁伤害(伤害率 10%～29%)、固相伤害(伤害率 10% 左右)及液相敏感性伤害(伤害率 5%～10%)，因此油层保护技术方案完善重点为广谱性成膜封堵及防水锁能力。

4.1　广谱性封堵成膜材料优化

根据压汞评价数据，南堡 1−5 区东一段储层高渗透条带孔喉半径介于 0.025～17.54μm，中值孔喉半径平均为 1.16μm，低渗透条带孔喉半径介于 0.016～8.937μm，中值孔喉半径平均为 0.50μm。储层温度为 80～105℃。为实现钻井液对储层的良好保护，根据储层孔喉尺寸分布及温度条件，合理优化

刚性封堵材料粒径配比，优先具有适宜软化点的塑性封堵材料，利用井底高温高压环境下刚性材料架桥、塑性材料黏合及原配方中超低渗透剂的结构成膜作用，实现对两类孔喉尺寸的广谱性封堵。

以经济性及普适性为原则，选用超细碳酸钙作为架桥粒子，采用激光粒度分析仪对不同目数超细碳酸钙粒径分布进行分析，结果见表 3。依据 D90 规则及屏蔽暂堵理论，可以看出 800 目超细碳酸钙粒度分布适于高渗透条带孔喉的架桥封堵，2000 目粒度分布超细碳酸钙适于低渗透条带孔喉的架桥封堵。

结合室内粒度分布曲线及软化点测定结果(表 4)及现场应用实践，选择了粒度 SN 及 JDFD−2 两种塑性材料，确定广谱性封堵成膜材料的最优配方为 2% 超细碳酸钙(800 目：2000 目 = 8：2)+ 1.5%SN +1.5% JDFD−Ⅱ +2% 超低渗透剂JDWS−Ⅰ。

表 3　刚性材料粒度分析结果

规格	100 目	200 目	600 目	800 目	1000 目	2000 目
D10(μm)	8.992	3.819	1.85	1.726	1.422	0.901
D50(μm)	54.764	28.67	10.527	9.362	8.692	4.592
D90(μm)	162.81	72.041	28.021	20.586	15.475	7.129

4.2 防水锁剂优选

低渗透条带细小孔喉毛管力高,对流体束缚性强,水锁效应更为明显。根据 Laplace 公式,降低毛管力的途径之一是降低液体的界面张力,通过在钻井液中加入适当具有良好配伍性的表面活性剂能够有效降低滤液的界面张力,达到降低水锁伤害的目的。

基于室内界面张力、起泡率及与钻井液配伍性评价分析结果(表5),选取 AR 作为钻井液体系的防水锁剂,当其加量为 2% 时,滤液表面张力仅为 7.98mN/m,且与现有钻井液体系配伍性良好,无起泡现象。

4.3 钻井液配方优化与性能评价

根据前述研究认识,优化后钻井液配方为:3%膨润土浆+0.3%～0.5%KPAM+2%～3%抗温降滤失剂 GT-98+1.5%SN+1.5%JDFD-Ⅱ+3%～5%钾盐+2%防水锁剂 AR+1.5%聚合醇+2%超低渗透剂 JD-WS-Ⅰ+2%超细碳酸钙(800目:2000目=8:2)。优化后配方封堵能力及油层保护效果明显提高,砂盘滤失 15min 后不再增加,滤失量仅为 10.2mL,对储层岩心返排渗透率恢复值达到 85% 以上,截取小于 1cm 固相伤害端后渗透率可恢复至 92% 以上(表6、表7)。

2019 年在南堡 1-5 区东一段应用优化后钻井液 17 井次,新井初期投产单井日产油量平均提高 2.57t,说明优化后钻井液对南堡 1-5 区东一段中低渗透高含水油藏储层保护效果明显。

表 4 塑性材料粒度分布及软化点

封堵剂	粒度范围 (μm)	D50 (μm)	D10 (μm)	D90 (μm)	软化点 (℃)
SN	0.368～48.57	8.865	1.785	25.4	92
JDFD-Ⅰ	0.509～26.67	4.217	1.574	13.7	95
JDFD-Ⅱ	0.22～17.83	2.492	0.83	10.28	105
FT342	0.248～18.29	4.397	1.347	3.88	95

表 5 表面活性剂优选评价

样品名称	滤液界面张力测定		与钻井液配伍性			起泡率 (%)
	表面张力 (mN/m)	界面张力 (mN/m)	AV (mPa·s)	PV (mPa·s)	YP (Pa)	
原钻井液	62.36	15.99	24.0	20.0	4.1	—
+2%AR	25.24	7.98	22.5	19.0	3.6	—
+1%ABSN	35.2	10.6	23.0	19.0	4.1	—
+1%OP-20	28.1	8.34	22.5	18.0	4.6	—
+2%SD-1	18.26	0.4	32.0	28.0	4.1	50
+0.5%FS	18.01	7.77	36.0	33.0	3.1	150

表 6 钻井液优化前后砂盘滤失性能对比

钻井液配方	砂盘滤失量(mL)						
	0	5′	10′	15′	20′	25′	30′
优化前	6.3	9.4	12.6	15.2	16.4	17.6	18.4
优化后	4.2	6.2	8.4	10.2	10.2	10.2	10.2

表 7   优化后钻井液对南堡 1-5 区东一段岩心伤害实验

岩心		孔喉度 (%)	动滤失量 (mL)	渗透率（mD）			排渗透率恢复值 (%)	截取长度 (cm)	切后渗透率恢复值 (%)
井号	编号			气测	油相	污染后			
NP15-04	1-5	22.33	0.6	52.61	34.23	31.02	90.61	—	—
	2-4	20.35	0	29.55	15.81	13.49	85.33	0.86	95.24
NP15-08	3-4	19.87	0	14.63	8.624	7.44	86.24	0.72	92.63
	4-3	21.59	0	27.33	12.33	10.58	85.82	0.52	94.85

5   结论与认识

（1）与开发初期储层条件相比，中低渗透高含水油藏开发后期储层物性降低，黏土矿物含量提高，孔喉半径降低、分选系数增加、储层非均质性加重，水敏性减弱、碱敏性增强，剩余油分布具有层间、层内非均质性，多滞留于孔喉尺寸小、毛管力高的低渗透层、低渗透条带中。

（2）低渗透条带储层主要存在水锁伤害（伤害率为 10%～29%）、固相伤害（伤害率为 10% 左右）及液相敏感性伤害（伤害率为 5%～10%），油层保护技术方案完善重点为提高广谱性成膜封堵及防水锁能力。

（3）优化后钻井液封堵性与储层保护能力明显提高，对储层岩心返排渗透率恢复值达到 85%，截取小于 1cm 伤害端后渗透率可恢复至 92% 以上。现场应用油层保护效果明显，对南堡 1-5 区东一段中低渗透高含水油藏适应性良好。

参 考 文 献

[1] 高博禹，彭仕宓，王建波. 剩余油形成与分布的研究现状及发展趋势[J].特种油气藏，2004，11(4)：7-11.

[2] 徐守余，李红南. 储集层孔喉网络场演化规律和剩余油分布[J].石油学报，2003，24(4)：48-53.

[3] 李存贵，徐守余. 长期注水开发油藏的孔隙结构变化规律[J].石油勘探与开发，2003，30(2)：94-96.

[4] 邓玉珍，吴素英. 注水开发过程中储层物理特征变化规律研究[J].油气采收率技术，1996，3(4)：44-52.

[5] 姚振杰. NP 油田不同注水开发阶段孔渗变化规律研究[D].大庆：东北石油大学，2013.

[6] 李若竹. 轮南油田二次开发保护油气层研究[D].湖北：长江大学，2011.

[7] 康文东. 西峰油田储层敏感性特征及对注水开发的影响[D].西安：西安石油大学，2019.

[8] 张旭东，陈科，何伟渤，等.海西部海域某区块油田注水过程储层伤害机理[J].中国石油勘探，2016，21(4)：121-126.

[9] 徐豪飞，马宏伟，尹相荣，等. 新疆油田超低渗透油藏注水开发储层伤害研究[J].岩性油气藏，2013，25(2)：100-105.

[10] 姚远，高圣平. 储层孔隙敏感性伤害的核磁共振实验研究[J].科学技术与工程，2016，16(11)：157-160.

[11] 张鹏，马东，续化蕾，等. 南海流花油田储层特征及敏感性评价[J].科学技术与工程，2019，19(16)：112-117.

[12] 蒋官澄，张志行，张弘. KCl 聚合物钻井液防水锁性能优化研究[J].石油钻探技术，2013，41(4)：59-63.

[13] 陈永斌，万里平，朱宽亮，等. 南堡 2、3 号构造带保护储层的钻井液体系[J].科学技术与工程，2019，19(16)：101-105.

[14] 王荐，卢淑芹，朱宽亮，等. 南堡油田中低渗储层伤害机理及钻井液技术对策[J].化学与生物工程，2011，28(11)：73-76.

[15] 蒋官澄，倪晓骁，李武泉，等. 超双疏自洁高效能水基钻井液[J].石油勘探与开发，2020，47(2)：1-9.

[16] 柴光胜，师永民，杜书恒，等. 致密砂岩储层敏感性评价及影响因素分析——以鄂尔多斯盆地盐池地区长 8 储层为例[J].北京大学学报:自然科学版，2019，121：1-10.

[17] 何瑞兵，范白涛，刘宝生，等. 歧口 18-2 油田调整井钻完井液及油气层保护技术[J].石油钻采工艺，2012，34(增刊)：37-40.

[18] 许定达，卢志明，郭玲玲，等. 哈得油田储层特征及伤害因素研究[J].钻采工艺，2017，40(2)：89-92.

[19] 杨洋. 低孔低渗气藏高温高压储层伤害因素分析[J].断块油气田，2019，26(5)：622-625.

[20] 许诗婧. 致密砂岩油藏增产过程中储层伤害机理[J].科学技术与工程，2019，19(23)：92-99.

[21] 陈洲亮，欧阳传湘. 超低渗砂岩储层钻井液伤害机理分析及解决方法——以库车北部构造带吐格尔明段为例[J].科学技术与工程，2019，19(35)：166-171.

[22] 凡帆，刘伟，贾俊. 长北区块无土相防水锁低伤害钻井液技术[J].石油钻探技术，2019，47(5)：34-39.

[23] 孟小海，伦增珉，李四川. 气层水锁效应与含水饱和度关系[J].大庆石油地质与开发，2003，22(6)：48-49.

[24] 赵霞，周思宏，等.低渗透储层水锁伤害机理及低伤害入井液体系的研究[J].科学技术与工程，2016，16(19)：192-196.

[25] 耿学礼，吴智文，黄毓祥，等. 低渗储层新型防水锁剂的研究及应用[J].断块油气田，2019，26(4)：537-540.

[26] 韩成，黄凯文，韦龙贵，等. 海上低渗储层防水锁强封堵钻井液技术[J].钻井液与完井液，2018，35(5)：67-71.

[27] 贾万根，贾禾馨，杨雪山. 断块低渗油藏成膜钻井液保护技术研究[J].复杂油气藏，2019，12(2)：73-76.

作者简介   吴晓红(1982—)，女，高级工程师，2007 年毕业于东北石油大学油气井工程专业，获硕士学位;现主要从事钻井液技术、储层保护等方面研究工作。

（收稿日期:2021-1-12   本文编辑:谢红）

复杂油气田文集
COMPLEX OIL & GAS RESERVOIRS

基于最优目标函数
致密砂岩储层油水相相对渗透率数据处理方法

周梦雨　龚丽荣　商　琳　卢家亭

(中国石油冀东油田公司勘探开发研究院,河北　唐山　063004)

摘　要:为了研究致密砂岩储层多孔介质中油水相相对渗透率的关系,建立了考虑两相流启动压力梯度及毛管力影响的致密砂岩储层油水渗流模型,通过基于最优目标函数自动历史拟合方法对水驱油实验数据进行处理,研究了不同因素与致密砂岩储层油水相对渗透率的影响关系,并与原有的 JBN 计算方法进行了对比分析。结果表明:JBN 方法采用单相启动压力梯度计算时,油相相渗曲线不变,水相相对渗透率降低;但在自动历史拟合方法中,采用两相流启动压力梯度计算时却发现两相流启动压力梯度阻碍了油相和水相的流动,同时降低了油相和水相的相对渗透率;另外这两种方法考虑毛管力时,油相相对渗透率增加,水相相对渗透率基本不变;但自动历史拟合方法计算出的油相相对渗透率的变化趋势更加明显合理。

关键词:致密油藏;油水相对渗透率;非达西渗流;毛管力;自动历史拟合

相对渗透率曲线是油田开发工程中十分重要的基础数据[1]。目前,关于非稳态法驱替油水相对渗透率曲线的计算方法主要分为 2 种:

一种是显式方法,其中包括 JBN 方法[2]或 Jones 图解法[3]。

另一种是隐式方法,利用数值模拟技术模拟室内水驱油实验过程进而反演出的一条更符合水驱油实际情况的相渗曲线[4]。

目前,对于致密砂岩储层油水相相对渗透率的计算,已有不少学者在 JBN 方法的基础上进行了改进。宋付权等[5]在渗流速度方程中引入了油相和水相拟启动压力梯度,在注入能力比中考虑了拟启动压力,推导了油水相相对渗透率公式,扩展了 JBN 算法。邓英尔等[6]针对水湿和油湿岩心,建立了同时考虑拟启动压力梯度、毛管力及重力的渗流公式,进而推导出同时考虑这 3 种因素下的油水相相对渗透率计算公式及饱和度计算公式。

然而,利用上述方法处理致密砂岩储层非稳态恒压驱替实验数据求得的相渗曲线还有 3 点不足:

(1)岩心致密时,由于饱和油量有限,驱替相突破以后,被驱替相几乎不再产出[7]。这样利用显式方法计算出的相渗曲线可能只有少数几个分布密集的点,并不能较好地描述油水渗流关系。

(2)相比于中高渗透岩心恒速非稳态驱替只需

要记录每一时刻的压力而言,致密砂岩储层恒压非稳态驱替时的注入速度需要借助函数拟合或者采用求差商的方法获得。但是,对于同一组确定的实验数据,利用不同的方法求得的注入速度不一定完全相同,有的误差甚至很大[8]。

(3)对于油水两相渗流情况,试验研究表明[9]:油水应该具有相同的两相流启动压力梯度,并且随着含水饱和度增加,两相流启动压力梯度逐渐减小。在 JBN 方法中仅仅考虑单相启动压力梯度,无法描述两相流启动压力梯度对相渗曲线的影响。

因此,本文在建立了适合致密砂岩储层的水驱油数学模型后,采用 IMPES 方法[10]计算致密砂岩储层内水驱油过程,用每一时刻的采收率建立目标函数,进而求得适合的相渗曲线。最终,通过实例计算表明,此方法具有较强的适应性,是求得致密砂岩储层油水两相相对渗透率的有效方法。

1　数学模型

对于一维岩心油水两相情况,做如下基本假设:

(1)驱替为不互溶的非混相流动。

(2)不考虑岩心和流体的压缩性。

(3)不考虑重力的影响。

(4)考虑启动压力梯度和毛管力均是含水饱和

度的函数。

（5）在两相渗流中，油水两相具有相同的启动压力梯度。

质量守恒方程，油水质量守恒方程分别为：

$$-\frac{\partial}{\partial x}(\rho_o v_o) = \frac{\partial}{\partial t}(\rho_o \phi S_o) \quad (1)$$

$$-\frac{\partial}{\partial x}(\rho_w v_w) = \frac{\partial}{\partial t}(\rho_w \phi S_w) \quad (2)$$

式中　ρ_o——油相密度，g/m^3；

　　　ρ_w——水相密度，g/m^3；

　　　v_o——油相渗流速度，m/d；

　　　v_w——水相渗流速度，m/d；

　　　S_o——含油饱和度，$\%$；

　　　S_w——含水饱和度，$\%$；

　　　ϕ——孔隙度。

1.1　运动方程

启动压力梯度和毛管应力，运动方程如下：

$$V_o = -\frac{KK_{ro}}{\mu_o}\left(\frac{\partial p_o}{\partial x}+G\right) \quad (3)$$

$$V_w = -\frac{KK_{rw}}{\mu_w}\left(\frac{\partial p_w}{\partial x}+G\right) \quad (4)$$

式中　K——岩心绝对渗透率，mD；

　　　K_{ro}——油相相对渗透率，mD；

　　　K_{rw}——水相相对渗透率，mD；

　　　p_o——油相压力，MPa；

　　　p_w——水相压力，MPa；

　　　G——油水两相流启动压力梯度，MPa/m；

　　　μ_o——油相黏度，$mPa·s$；

　　　μ_w——水相黏度，$mPa·s$。

通过实验已经证明[9]：两相渗流启动压力梯度会随着含水饱和度的增大而减小，并有明显的线性关系，在束缚水饱和度下启动压力梯度达到最大，对应于束缚水端油相启动压力梯度；在残余油饱和度下启动压力梯度为最小，对应于残余油端水相启动压力梯度。

设定 G 表达式为：

$$G = G_w S_{wn} + G_o(1-S_{wn}) \quad (5)$$

$$S_{wn} = \frac{S_w - S_{wc}}{1 - S_{wc} - S_{or}} \quad (6)$$

式中　G_w——残余油端水相启动压力梯度，MPa/m；

　　　G_o——束缚水端油相启动压力梯度，MPa/m；

　　　S_{wn}——归一化含水饱和度，$\%$；

　　　S_{wc}——束缚水饱和度，$\%$；

　　　S_{or}——残余油饱和度，$\%$。

从式（5）可知：随着含水饱和度的增加，启动压力梯度逐渐减小。由于水的黏度大于原油的黏度，由式（5）可以看出，流体综合黏度会减小，因此，启动压力梯度会变小。

室内的相对渗透率实验通常是用洗油之后呈水湿的岩心，因此，其毛管压力 p_c 为：

$$p_c = p_o - p_w \quad (7)$$

由式（1）至式（7），消去油相压力后得到水相的压力方程：

$$\frac{\partial}{\partial x}\left(\lambda \frac{\partial p_w}{\partial x}+\lambda_o \frac{\partial p_c}{\partial x}+\lambda G\right)=0 \quad (8)$$

其中：

$$\lambda_o = \frac{KK_{ro}}{\mu_o} \quad (9)$$

$$\lambda_w = \frac{KK_{rw}}{\mu_w} \quad (10)$$

$$\lambda = \lambda_o + \lambda_w \quad (11)$$

初始条件：

$$S_w(x,t=0) = S_{wc} \quad (12)$$

边界条件：

$$p_w(x=0,t) = p_1 \quad (13)$$

$$p_w(x=L,t) = p_2 \quad (14)$$

式中　p_1——岩心左端注水压力，MPa；

　　　p_2——岩心右端产液压力，MPa；

　　　L——岩心长度，m；

　　　t——时间，s。

2　差分方程

数值计算采用 IMPES 方法，隐式求解压力，显式求解饱和度。

首先，对式（8）进行差分（空间上进行中心差分，时间上进行向前差分），毛管压力和启动压力梯度由上一时刻的含水饱和度来计算，得到差分方程，隐式求解下一时刻的压力；其次，显式求解饱和度；最后，求解出下一时间步的含水饱和度后，更新毛管压力和启动压力梯度值。

3 相对渗透率模型

相对渗透率模型应用 Willhite 模型[11]，该模型最大的特点是设定了束缚水端油相相对渗透率和残余油端水相相对渗透率，两者通过实验可以测定。

油相相对渗透率：

$$K_{ro} = K_{roswc}(1-S_{wn})^{n_o} \qquad (15)$$

水相相对渗透率：

$$K_{rw} = K_{rwsor}S_{wn}^{n_w} \qquad (16)$$

式中　K_{roswc}——束缚水饱和度下的油相相对渗透率；
　　　K_{rwsor}——残余油饱和度下的水相相对渗透率；
　　　n_o——油相相渗曲线待定指数；
　　　n_w——水相相渗曲线待定指数。

4 目标函数构造

已知（n_o，n_w）是相渗模型中的待定参数，其大小影响着岩心内部网格的压力和含水饱和度分布，进而影响计算出的产油量。因此，以每一时刻的产油量模拟值 Q_{ocal} 和实验值 Q_o 的差值的平方和来构建目标函数，并通过最速下降法[12]求出一组适当的（n_o，n_w）使得目标函数 F 达到最小值：

$$F = \min\sum_{k=1}^{m}[Q_{ocal(k)}-Q_{o(k)}]^2 \qquad (17)$$

式中　$Q_{ocal(k)}$——第 k 个时刻的计算值；
　　　$Q_{o(k)}$——第 k 个时刻的实验值。

5 实例计算

为了计算致密砂岩储层油水相相对渗透率，探究启动压力梯度和毛管压力对相渗曲线的影响，通过实验获取了计算相对渗透率的基础参数。岩心基本物性参数见表1。实验用油黏度为 4.330mPa·s，水黏度为 0.831mPa·s。使用非稳态方法（驱替压差为25MPa）对岩心进行相对渗透率测试，实验数据见表2。

表 1　岩心物性参数

D（cm）	L（cm）	ϕ	K_g（mD）	K_{ro}	K_{rw}
2.495	4.287	0.129	0.75	0.0154	0.002569

表 2　非稳态实验数据

时间（s）	无量纲产油量	无量纲产液量
0	0.000	0.000
710	0.160	0.160
1329	0.233	0.265
1541	0.249	0.313
3361	0.281	0.681
7278	0.291	1.537
15031	0.297	3.109
62913	0.304	16.534
66543	0.304	17.556

邓玉珍等[13]建立了适用于单相渗流时的启动压力梯度试验模型：

$$G = \alpha\left(\frac{K_g}{\mu}\right)^{-n} \qquad (18)$$

式中　α 和 n——待拟合的参数；
　　　K_g——气测渗透率，mD；
　　　μ——流体黏度，mPa·s。

通过室内实验拟合 $\alpha=2.1$、$n=0.85$，代入岩心参数和流体参数计算出残余油端水相启动压力梯度为 0.01MPa/cm，束缚水端油相启动压力梯度为 0.05MPa/cm。在水驱油实验结束后，进行压汞实验获得了该岩心的毛管压力数据，如图1所示。

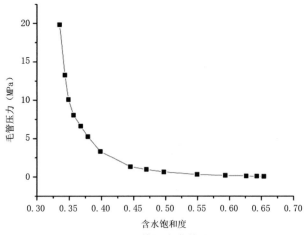

图 1　毛管压力曲线图

5.1 JBN 方法

对于上述实验参数，采用 JBN 方法分别计算出考虑和不考虑启动压力梯度及毛管压力两种情况的油水相相对渗透率，并绘制曲线如图2所示。

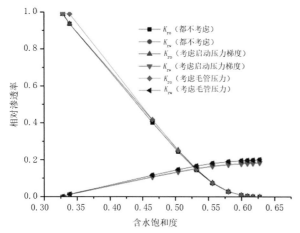

图 2　JBN 方法计算结果

5.2　自动历史拟合方法

自动历史拟合方法的基本原理是通过数值模拟技术不断修正相渗曲线,使得最终模拟计算结果与实际实验结果之间的差距达到最小,从而确定合适的相渗曲线[14]。利用自动历史拟合方法对上述实验数据进行处理,计算相对渗透率曲线如图 3 所示。

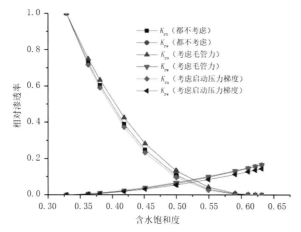

图 3　自动历史拟合方法计算结果

通过对图 2 和图 3 的研究表明:

(1)考虑启动压力梯度时,JBN 方法中仅水相相对渗透率降低,油相相对渗透率不变;但是自动历史拟合方法中油相相对渗透率也略微降低。

(2)考虑毛管压力时,两种方法计算结果一致,油相相对渗透率增加,但水相相对渗透率不变;这个规律与实际情况相符,许多相对渗透率实验表明,湿相的吸吮相对渗透率曲线和驱替相对渗透率曲线几乎完全一致[15]。

两种方法得到的相渗曲线规律基本一致,曲线形态也比较相近,但是在残余油状态下 JBN 方法计算的水相相对渗透率要比自动历史拟合方法的计算结果高。这是因为历史拟合方法得到的水相相对渗透率端点值为实测值,而 JBN 方法的水相相对渗透率是依靠数值计算得出的。

当考虑启动压力梯度时,JBN 方法中的油相相对渗透率基本不变,原因在于公式推导过程中只考虑了束缚水端油相启动压力梯度,所以在恒压驱替时油相启动压力梯度对油相相渗曲线没有影响。油水两相渗流时应有同样的启动压力梯度,并且随着含水饱和度的升高而降低,对油相渗流也造成阻碍。

在含水饱和度较高的时候,毛管压力的影响没有在 JBN 方法中体现出来。而当采用自动历史拟合方法时,毛管压力对相渗曲线形态的影响较为明显。在束缚水饱和度和残余油饱和度下,毛管压力的影响较小,因为此时的毛管压力基本为常数,不随含水饱和度的变化而变化,无法形成毛管压力梯度。在岩心出口端见水后,产油速度迅速下降,即在驱替后期岩心的含油饱和度迅速降低至残余油饱和度附近,因此,采用 JBN 方法进行数据处理时就会导致含水饱和度计算值集中在高含水饱和度附近。

6　结论

(1)建立了基于最优目标函数的致密砂岩储层油水相相对渗透率自动历史拟合方法。该方法考虑了两相流启动压力梯度和毛管压力对油水相相对渗透率曲线的影响。

(2)当考虑毛管压力时,油相相对渗透率升高,这是由于在亲水油藏驱替过程中,对于油相而言毛管力作为动力,促进油相的流动,对水相相对渗透率无影响。

(3)JBN 方法只考虑了单相启动压力梯度,因而考虑启动压力梯度下的油相相对渗透率基本不变。自动历史拟合方法考虑了两相流启动压力梯度随含水饱和度变化而变化的特点,计算出的油相相对渗透率降低,更符合实际情况。

参　考　文　献

[1]　王国先,谢建勇,李建良,等.储集层相对渗透率曲线形态及开采特征[J].新疆石油地质,2004(3):301-304.

[2]　E F Johnson,D P Bossler,V O Naumann.Calculation of Relative Permeability from Displacement Experiments[J].Trans.AIME,1959,216:370-372.

[3]　Jones S C,Roszelle W O.Graphical Techniques for Determining

Relative Permeability From Displacement Experiments[J].Journal of Petroleum Technology,1978,30(5):807-817.

[4] 宫文超,马志元.整理相对渗透率曲线的历史拟合方法研究[J].大庆石油地质与开发,1986(3):39-51.

[5] 宋付权,刘慈群.低渗油藏的两相相对渗透率计算方法[J].西安石油学院学报:自然科学版,2000(1):10-12.

[6] 邓英尔,刘慈群,庞宏伟.考虑多因素的低渗透岩石相对渗透率[J].新疆石油地质,2003(2):152-154,188.

[7] 李克文.根据动态驱替实验数据计算油水相对渗透率曲线的最优化方法[J].江汉石油学院学报,1989(3):45-54.

[8] Tao T M,Watson A T. Accuracy of JBN estimates of relative permeability:Part 1 Error analysis[J].Old SPE Journal,1984,24(2):209-214.

[9] 李爱芬,刘敏,张化强,等.低渗透油藏油水两相启动压力梯度变化规律研究[J].西安石油大学学报:自然科学版,2010,25(6):47-50,54,111.

[10] 陈月明.油藏数值模拟基础[M].东营:石油大学出版社,1989.

[11] 高文君,姚江荣,公学成,等.水驱油田油水相对渗透率曲线研究[J].新疆石油地质,2014,35(5):552-557.

[12] 刘益然.线性方程组的迭代和最速下降法[J].赤峰学院学报:自然科学版,2014,30(2):10-13.

[13] 邓玉珍,刘慧卿.低渗透岩心中油水两相渗流启动压力梯度试验[J].石油钻采工艺,2006(3):37-40,83-84.

[14] 刘慧卿,陈月明,吴宏利,等.自动历史拟合计算油水相渗关系新方法[J].断块油气田,1997(2):29-32,46.

[15] Qadeer S,Dehghani K,Ogbe D O,et al. Correcting Oil/Water Relative Permeability Data for Capillary End Effect in Displacement Experiments[C]// Spe California Regional Meeting,1988.

第一作者简介 周梦雨(1993—),女,助理工程师,2016 年毕业于西安石油大学石油工程专业;现从事信息中心档案室工作。

(收稿日期:2020-11-22   本文编辑:张国英)

唐 19-12 断块稠油油藏
水平井 CO_2 吞吐技术适应性评价与应用

高东华　刘志军　耿文爽　汪国辉

（中国石油冀东油田公司勘探开发研究院，河北　唐山　063004）

摘　要： 水平井是冀东油田南堡陆地普通稠油油藏的主要开发方式，随着水平井开发的逐步深入，目前大部分水平井已经进入高含水期或特高含水期，严重影响了开发效果。CO_2 吞吐能有效控制水平井含水上升速度，提高油藏采收率。但选井标准不完善、盲目选井会降低措施的有效率，依据近两年 CO_2 吞吐应用情况，进一步完善了水平井 CO_2 吞吐技术适应性评价指标体系，并作为 CO_2 吞吐实施前油藏或单井的筛选依据，根据油藏实际情况进行 CO_2 吞吐注采工艺参数优化，唐 19-12 断块稠油油藏应用该技术进行滚动开发，取得了显著的控水增油效果。

关键词： 稠油油藏；水平井；CO_2 吞吐；控水增油；评价指标

冀东油田南堡陆地稠油油藏为渤海湾盆地典型的复杂断块油藏，具有含油面积小、边底水能量充足、原油黏度高等特点，是国内利用水平井开发的典型代表之一，通过推广应用水平井技术实现了该类油藏的高速开发和快速上产[1,2]。但由于受构造、井身轨迹、生产制度等多种因素影响，水平井含水快速上升，目前大部分水平井已经进入高含水期或特高含水期，为此，相继开展了先期控水完井、水平井选择性化学堵水和环空化学封隔器控水等现场试验。尽管控水效果明显，但增油效果差，单井投入大，制约了其推广应用。针对稠油油藏水平井控水"堵水不增油"问题，引入 CO_2 吞吐，经过近几年的探索实践，取得了较好的控水增油效果[3,4]。2018—2019 年，浅层油藏累计实施 CO_2 吞吐 707 井次，总有效率为 85.0% ❶，分析 CO_2 吞吐无效井原因，主要是由于选井标准不完善，有些指标范围比较宽泛，缺乏油藏针对性，进而盲目选井，因此需要进一步完善 CO_2 吞吐选井指标，并根据油藏特点进行适用性评价。本文对唐 19-12 断块稠油油藏水平井 CO_2 吞吐技术油藏适用性评价以及吞吐注采参数优化进行了分析研究。该油藏滚动开发实践表明水平井 CO_2 吞吐技术控水增油效果显著，稠油储量得到了有效动用，为油田稳产提供了储量接替，同时对邻区及同类油藏的滚动开发具有一定的借鉴意义。

1　唐 19-12 断块油藏概况

唐 19-12 断块位于柏各庄断层上升盘，主力含油层为馆陶组Ⅳ油组，油藏埋深-1442～-1430m，该油藏属于被断层封闭的底水块状构造油藏，全区有统一的油水界面。油藏顶部被全区发育的玄武岩所覆盖，厚度 10～20m。油层厚度 4～10m，天然能量充足。原油具有"三高一低"的特点，即原油密度高、黏度高、胶质+沥青质含量高、凝固点低，20℃地面原油密度为 0.9620～0.9891g/cm³，地层原油密度为 0.9277～0.9550g/cm³；50℃地面原油黏度为 258.2～1114.0 mPa·s，地层原油黏度为 177.6～261.3 mPa·s；胶质+沥青质含量一般为 23.6%～39.4%，含蜡量少，一般为 1.4%～8.2%，平均为 3.7%，凝固点为-2～28℃。NgⅣ储层平均孔隙度为 28.6%，平均渗透率为 658mD，属高孔—高渗透储层。唐 19-12 断块 NgⅣ油藏发现井唐 19-12 井生产该层位，受稠油影响，日产液 20.2t，含水 100%，见油花。2019 年借鉴同类稠油油藏开发经验，采用水平井进行滚动开发。

2　油藏适用性评价与分析

CO_2 吞吐在不同油藏地质条件下有着不同的增油机理[3,4]。刘怀珠等[11]、李国永等[12]分别建立了

---

❶　2019 年冀东油田开发形势分析及技术对策，内部资料。

CO_2 吞吐选井评价体系,本文在参考国内外相关研究与现场试验成果的基础上[13-18],结合 2018—2019 年南堡陆地高 104-5 断块、高 24 断块稠油油藏水平井 CO_2 吞吐技术规模应用情况❶,综合油藏特征、储层物性以及流体性质等参数,进一步完善了普通稠

油油藏水平井 CO_2 吞吐技术适用性评价主要指标体系,新增加了油藏埋深、水平井生产井段长度、其他指标(水平井井轨迹、距边底水距离)3 项指标,重新界定了目的层厚度、原油黏度、孔隙度等指标的评价范围(表 1)。

表 1 高强度暂堵剂密度数据表

分项	好	较好	中等	较差	差
油藏埋深(m)	−2000～−1800	−1800～−1500	−1500～−1200	−1200～−1000	<−1000
地层压力(MPa)	>20	15～20	10～15	8～10	<8
地层压力系数	>0.95	0.90～0.95	0.85～0.90	0.80～0.85	<0.80
油藏温度(℃)	<70	70～90	90～110	110～130	>130
目的层厚度(m)	>20	15～20	10～15	3～10	<3
含油饱和度(%)	>50	45～50	40～45	35～40	<35
原油黏度(mPa·s)	<100	100～1000	1000～3000	3000～5000	>5000
原油密度(g/cm³)	<0.80	0.8～0.89	0.89～0.94	0.94～0.99	>0.99
孔隙度(%)	20～25	25～30	30～35	35～40	>40
非均质性系数	<0.50	0.50～0.55	0.55～0.60	0.60～0.7	>0.7
水平井生产井段长度(m)	>200	150～200	100～150	50～100	<50
其他指标(水平井轨迹,距边底水距离等)	根据油藏实际情况确定				

2.1 主要评价指标分析

(1)含油饱和度。

CO_2 吞吐实施前油藏具有较高的含油饱和度是取得吞吐成功的关键条件。含油饱和度越高、CO_2 吞吐的物质基础越好,成功率和有效率就越高。南堡陆地高 24 断块稠油油藏水平井 CO_2 吞吐技术应用实践发现 ❷,不同含油饱和度油藏 CO_2 吞吐效果差异较大,含油饱和度高的油藏 CO_2 吞吐效果更好(图 1)。实施 CO_2 吞吐油藏的含油饱和度建议大于 40%。

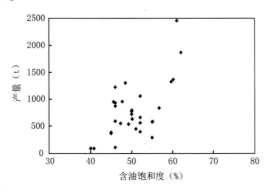

图 1 高 24 断块生产井首轮吞吐产量与含有饱和度关系图

(2)原油黏度和密度。

CO_2 在原油中的溶解性较高,主要受压力、温度和原油组分等条件影响,通常在油藏压力条件下,一定体积的 CO_2 溶于原油,可使其体积膨胀 10%～40%,原油体积膨胀,原油黏度降低,增加了原油在油层中的流动性。已实施的 CO_2 吞吐井效果较好的原油密度一般为 0.86～0.96g/cm³;原油黏度变化范围较大,最高达 3023mPa·s。

(3)地层压力。

一般来说,油藏埋藏越深,地层压力越高,CO_2 在地层油中的溶解量越大,油层物性改善的效果越好。当压力超过最小混相压力时,CO_2 与原油发生混相,不仅能萃取和汽化原油中的轻质烃,而且还能形成 CO_2 和轻质烃混合的油带,从而大幅提高采收率[19]。选取南堡陆地浅层目前正在实施 CO_2 吞吐的油藏,采用 3 种经验公式(Glaso 关联式、采收率 PRI1 公式、Yelling 和 Metcalfe 公式)计算最小混相压力(表 2)。计算结果表明,目前实施 CO_2 吞吐的浅层油藏地层压力均低于 CO_2 最小混相压力,说明 CO_2 吞吐在南堡陆地浅层油藏是一个非混相过程。

---

❶ 2019 年冀东油田开发形势分析及技术对策,内部资料。
❷ 2020 年高 24 断块油藏工程方案,内部资料。

表 2　南堡陆地浅层油藏 CO_2 吞吐最小混相压力表

断块	油藏埋深（m）	Glaso 关联式（MPa）	采收率 PRI1 公式（MPa）	Yelling 和 Metcalfe 公式（MPa）	目前油藏压力（MPa）
高 104-5	−1900～−1700	19.9	27.5	22.5	15.6
高 24	−1900～−1800	20.4	27.7	22.8	16.5
蚕 2-1	−1770～−1730	19.0	26.9	21.9	16.4

（4）油藏温度。

据室内试验，升高温度对膨胀有利，但是随着温度的升高，降黏幅度减小，对发挥 CO_2 的降黏作用不利[20]。同时，过低的油藏温度，注 CO_2 后会增加对油层冷伤害的风险[21]。在已经实施 CO_2 吞吐的油藏，温度为 60～90℃ 的成功率相对较高。

（5）目的层厚度。

根据已实施井统计，目的层厚度大于 3m 的油藏 CO_2 吞吐成功率相对较高，并且厚度越大实施效果相对越好。这主要是由于 CO_2 和原油之间的密度和黏度差，促使 CO_2 在对原油体积增容的同时，超覆原油和水流动在油井较远地带形成弹性气驱能量的聚集。目的层厚度越大越容易使 CO_2 在近井地带产生有效的超覆作用，从而在开井生产过程中，有利于 CO_2 吞吐时携带出可流动的剩余油。

（6）储层孔隙度。

在已实施 CO_2 吞吐的油藏中，孔隙度为 20%～30% 的油藏增油效果较好。孔隙度太大，容易发生 CO_2 指进，产生气窜，降低 CO_2 吞吐效果。

（7）储层非均质性。

储层非均质性对 CO_2 吞吐效果的影响较大，渗透率变异系数小于 0.6 的油藏，实施 CO_2 吞吐的成功率相对较高，实施效果相对较好。反之，储层非均质性越强，CO_2 吞吐后开井含水越高，吞吐效果越差。

（8）水平井生产井段长度。

生产井段长度在 50m 以上的水平井实施 CO_2 吞吐效果较好。主要原因是井段越长，注入的 CO_2 的波及面积越大，越有利于 CO_2 与原油发生相互作用，对原油降黏和体积膨胀的效应越强烈，越有利于提高原油在地层中的流动能力，提高吞吐增油效果。但水平井生产井段长度并不是越长越好，根据数值模拟结果显示（图 2），受井筒摩擦损失影响，水平井生产井段长度增大到一定后对提高采出程度影响越来越小。

综上为评价油藏 CO_2 吞吐技术适应性的主要指标，其他指标如油井含水率高低、有无隔夹层、距边底水距离、水平井轨迹控制等也会对 CO_2 吞吐效果产生影响，需要结合油藏实际情况分析。

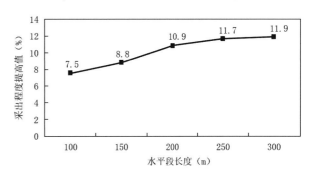

图 2　不同水平井生产井段长度与提高采出程度关系曲线

2.2　油藏适用性分析

根据表 3，唐 19-12 断块 NgⅣ 油藏主要评价指标大部分分布在较好及以上，综合分析该油藏整体适合进行 CO_2 吞吐开发。但有时 CO_2 吞吐选井会具有模糊性和不确定性，需要借助层次分析法，对主要参数进行权重赋值进而评判[22]。

3　CO_2 吞吐注采工艺参数优化

合理的注入量、注入速度、焖井时间等工艺参数有助于提高 CO_2 吞吐效果，提高措施效益。

3.1　注入速度及注入量

注入速度和注入量影响 CO_2 在油层中穿透能力和在原油中的溶解度。参考相关研究与现场试验成果[23-27]，当注入速度增大时，注入压力、注入量随之增大，进而引起地层油中 CO_2 溶解量增加，能充分发挥 CO_2 的降黏、膨胀作用。另外，注入量大，CO_2 波及范围广，吞吐的作用范围也随之增大。但当注入量和注入压力增大到一定值后，CO_2 在原油中溶解度增加幅度会减小，产油量增量逐渐减少。同时，注入压力提高也增大了地层破裂、气窜的风险。因此，合理的注入速度和注入量是影响 CO_2 吞吐效果的关键因素。模拟不同注气速度与提高采收率关系（图 3），结合矿场实践，合理的注气速度为 0.08～0.1 HCPV/a（80～120t/d）。

根据 CO_2 在地层条件下的波及体积及溶解度，

建立模型,计算出了不同含油饱和度下的最优注入量(图4、图5)。

3.2 焖井时间

　　焖井的主要作用是使注入的 CO_2 充分溶于原油并发生作用,合理的焖井时间有利于提高 CO_2 利用率。焖井时间过短,CO_2 没能与地层流体充分反应,造成 CO_2 浪费。焖井时间过长会造成气体扩散严重、CO_2 无法携带原油排出,导致 CO_2 利用率下降。模拟不同注入量条件下焖井时间与累计产油量关系

(图6),结合矿场实践,CO_2 注入量小于1000t,焖井时间一般为20~30天。

3.3 采液速度

　　采液速度快,可以减缓 CO_2 在地层原油中的分离时间,有利于 CO_2 驱动原油流向井底。但边底水活跃油藏,采液速度过快,会导致边底水突进,注入井含水率上升,影响吞吐效果。研究不同采液速度与含油饱和度、累计产油的关系(图7、图8),结合矿场实践,吞吐后采液速度为 $10\sim15m^3/d$ 为宜。

表3　唐19-12断块地质油藏参数评价结果

参数	数值	好	较好	中等	较差	差
油藏埋深(m)	-1442~-1430 (有稳定盖层)		√	√		
地层压力(MPa)	14.1		√			
地层压力系数	0.99	√				
油藏温度(℃)	65~70	√				
目的层厚度(m)	4~10			√		
含油饱和度(%)	52~70	√				
地层原油黏度(mPa·s)	177.6~261.3			√		
地层原油密度(g/cm³)	0.92~0.96				√	
孔隙度(%)	29.4	√				
非均质性系数	0.30	√				
水平井投产井段长度(m)	100~200		√			
其他指标(水平井轨迹)	距层顶2m内		√			

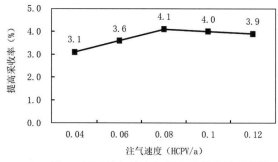

图3　不同注气速度与提高采收率关系曲线

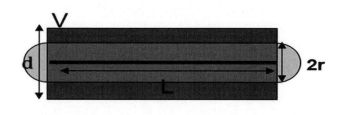

图4　吞吐量计算模型

吞吐用量计算公式:

$$V = (2rL + \pi r^2)d\phi S_o R\rho / (1000N) \qquad (1)$$

式中　V ——CO_2 吞吐用量,t;
　　　r ——吞吐半径,m;
　　　d ——油层厚度,m;
　　　ϕ ——孔隙度,%;

　　　L ——水平段生产长度,m;
　　　S_o ——含油饱和度,%;
　　　ρ ——CO_2 地面密度,kg/m³;
　　　R ——地层条件下单位体积原油密度 CO_2 体积(地表),m³;
　　　N ——经验系数。

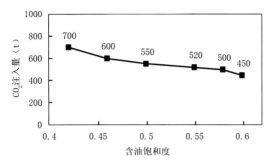

图 5　不同含油饱和度下注入量关系图

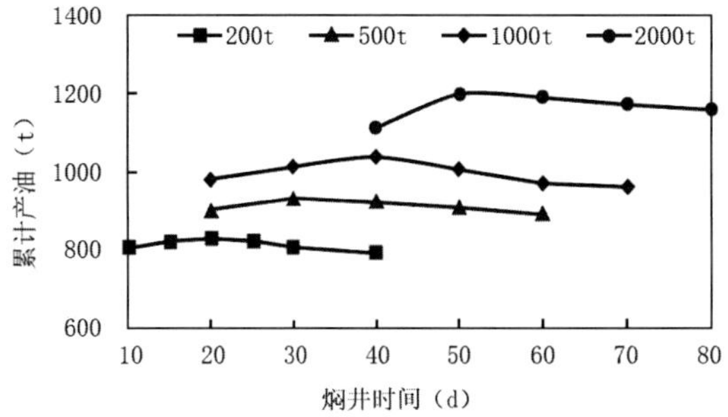

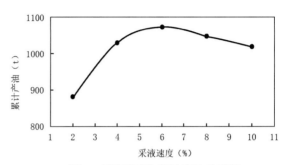

图 6　不同注入量条件下焖井时间与累计产油量关系

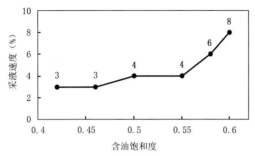

图 7　采液速度与含油饱和度关系图

图 8　采液速度与累计产油关系图

4　实施效果

2019 年 8 月开始在唐 19-12 断块 NgⅣ油藏滚动开发中应用水平井 CO_2 吞吐技术,目前已完钻水平井 14 口,实施 CO_2 吞吐井 12 口(含 1 口定向井)。

从实施情况来看(表 4),定向井开发几乎没有自然产能,定向井 CO_2 吞吐开发自然产能极低;水平井开发初期有一定的自然产能,但稳产期短,含水上升速度快;水平井 CO_2 吞吐开发稳产期长,能有效控制含水上升速度,取得了显著的控水增油效果(图 9)。

表 4　唐 19-12 断块单井生产情况表

井号	初期			2020.10.31			有效期 (d)	累计产油 (t)	CO_2 用量 (t)	焖井天数 (d)	阶段换油率 (t/t)	备注
	日产液 (t)	日产油 (t)	含水 (%)	日产液 (t)	日产油 (t)	含水 (%)						
T19-12	4.9	0.3	93.9	关井			84		208	12	0.4	已无效
P7	9.7	9.7	0.0	24.5	4.8	80.4	409	2275	758	22	3.0	正受效
P8	9.5	9.5	0.0	7.9	6.8	13.9	284	1954	753	30	2.6	正受效
P10	9.7	9.6	1.0	7.6	7.3	3.9	233	1898	555	35	3.4	正受效
P13	9.8	9.6	2.0	9.2	6.3	31.5	190	1450	552	28	2.6	正受效
P16	9.2	9.0	2.2	16.8	7.6	54.8	142	927	314	22	3.0	正受效
P12	8.8	6.2	29.5	16.0	0.8	95.0		366				未注 CO_2
	10.6	10.3	2.8	9.9	5.9	40.4	80	663	301	22	2.2	正受效
P11	9.3	9.1	2.2	9.2	8.9	3.3	17	108	411	21		焖井刚开
P15	8.2	8.0	2.4	8.1	7.9	2.5	13	95		23		焖井刚开
P21	15.2	14.9	2.0	15.2	14.9	2.0	4	48	411	25		焖井刚开
P22									513			焖井
P14	11.6	8.1	30.2	10.4	4.6	55.8		482				未注 CO_2
P17	10.6	9.2	13.2	10.1	4.3	57.4		146				未注 CO_2
合计	135.8	122.2	10.0	155.6	87.7	43.6		12507				

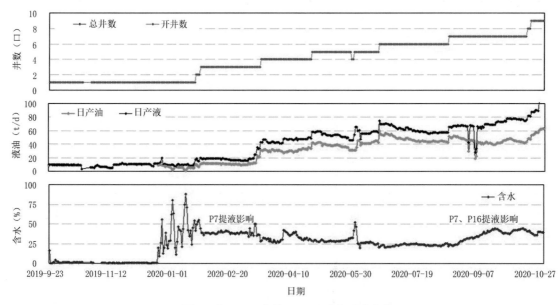

图 9   唐 19-12 断块 CO_2 吞吐井采油曲线

5   结论

（1）唐 19-12 断块油藏开发实践表明，普通稠油油藏应用水平井 CO_2 吞吐技术开发，比较定向井及常规水平井开发，具有明显的优势，能有效控制含水上升速度，延长油井稳产期，大幅提高原油采收率。

（2）进一步完善的水平井 CO_2 吞吐技术适应性评价指标体系可靠，可以作为 CO_2 吞吐实施前油藏或单井的筛选依据。

（3）注气量、焖井时间、采液速度等注采参数，要根据油藏或单井实际情况进行优化，有助于提高措施有效率和经济效益。

参 考 文 献

[1] 周海民,常学军,郝建明,等.冀东油田复杂断块油藏水井开发技术与实践[J].石油勘探与开发,2006,23(5):107-114.

[2] 王家宏.中国水平井应用实例分析[M].北京:石油工业出版社,2004.

[3] 李国永,叶盛军,冯建松,等.复杂断块油藏水平井二氧化碳吞吐控水增油技术及其应用[J].油气地质与采收率,2012,19(4):62-65.

[4] 刘怀珠,李良川,吴均.浅层断块油藏水平井 CO_2 吞吐增油技术[J].石油化工高等学校学报,2014,27(4):54-55.

[5] 沈平平,廖新维.二氧化碳地质埋存与提高石油采收率[M].石油工业出版社,2009.

[6] 沈平平.提高采收率技术进展[M].石油工业出版社,2006.

[7] 沈德煌,张义堂,张霞,等.稠油油藏蒸汽吞吐后转注 CO_2 吞吐

开采研究[J].石油学报,2005,26(1):83-86.

[8] 张清正,刘铁桩,曾贤华,等.低渗油藏二氧化碳混相驱技术研究[J].西部探矿工程,2001(3):60-61.

[9] 陈德斌,曾贤辉.文中油田 CO_2 吞吐矿场试验研究[J].西部探矿工程,2006(5):76-77.

[10] 罗二辉,胡永乐,李保柱,等.中国油气田注 CO_2 提高采收率实践[J].特种油气藏,2013,20(2):1-2.

[11] 刘怀珠,路海伟,彭通,等.浅层稠油油藏水平井二氧化碳吞吐适应性评价与分析[J].复杂油气田文集,2018,109(1):23-14.

[12] 李国永,史英,杨小亮.南堡陆地浅层特高含水油藏二氧化碳吞吐技术应用实践[J].复杂油气田文集,2019,113(1):13-14.

[13] 冉国良,石琼林,董彬,等.蚕 2-1 断块 CO_2 吞吐采油技术矿场试验[J].复杂油气田,2011,80(1):34-39.

[14] 马桂芝,陈仁宝,张立民,等.南堡陆地油田水平井二氧化碳吞吐主控因素[J].特种油气藏,2013,20(5):82-83.

[15] 毕永斌,张梅,马桂芝,等.复杂断块油藏水平井见水特征及影响因素研究[J].断块油气藏,2011,18(1):79-81.

[16] 占菲,宋考平,尚文涛,等.低渗透油藏单井 CO_2 吞吐参数优选研究[J].特种油气藏,2010,17(5):70-72.

[17] 张国强,孙雷,孙良田,等.小断块油藏单井强化采油注气时机及周期注入量优选[J].特种油气藏,2007,14(2):69-72.

[18] 于云霞.CO_2 单井吞吐增油技术在油田的应用[J].钻采工艺,2004,27(1):89-90.

[19] 杨军,张烈辉,熊钰,等.CO_2 吞吐候选油藏筛选综合评价方法[J].断块油气藏,2008,15(3):62-64.

[20] 李相远,李相良,郭平,等.低渗透稀油油藏二氧化碳吞吐选井标准研究[J].石油地质与采收率,2001,8(15):66-67.

[21] 杨胜来,何建军,荣光迪.CO_2 吞吐期间井筒及油层温度场及期对 CO_2 吞吐效果的影响[J].石油钻探技术,2004,32(2):48-49.

[22] 彭彩珍,李超,杨栋.低渗透油藏二氧化碳吞吐选井研究[J].油

气藏评价与开发,2017,7(1):32-33.

[23] 杨胜来,郎兆新.影响 CO_2 吞吐采油效果的若干因素研究[J].西安石油学院学报:自然科学版,2002,17(1):32-34.

[24] 梁玲,程林松,李春兰.利用 CO_2 改善韦 5 稠油油藏开采效果[J].新疆石油地质,2003,24(2):155-157.

[25] 何应付,梅士盛,杨正明,等.苏丹 Palogue 油田稠油 CO_2 吞吐开发影响因素数值模拟分析[J].特种油气藏,2006,13(1):64-67.

[26] 赵明国,蔡亮,陈栖.F 区块 CO_2 驱注入速度对驱油效果的影响[J].当代化工,2015,44(11):2537-2539.

[27] 刘华,李相方,李朋,等.特低渗非均质油藏 CO_2 驱注气速度对采出程度的影响[J].石油钻采工艺,2016,38(1):105-108.

第一作者简介　高东华(1984—),男,工程师,2007 年 7 月毕业于成都理工大学地球化学专业,获学士学位;现主要从事油田开发研究工作。

(收稿日期:2020-12-28　　本文编辑:谢红)

南堡1-29断块NgⅣ油藏"调剖+提液"试验与认识

薛　成[1]　胡彩云[2]

(1.中国石油冀东油田公司勘探开发部,河北　唐山　063200;
2.中国石油冀东油田公司南堡作业区,河北　唐山　063200)

摘　要:针对南堡1-29断块NgⅣ油藏常规提液效果逐年变差、稳油控水难度大的问题,对常规提液与调剖加提液措施效果进行了分析。发现油藏未水淹时,适时放大生产压差,可提高单井产量,但油井多向受效,优势渗流通道发育时先调剖,后提液较常规提液效果好,提出了调提结合选井选层原则,利用数值模拟方法拟合最优提液时机及合理提液幅度,用油藏动态验证其合理性,建立了适合南堡1-29断块NgⅣ油藏的从选井选层、提液幅度、提液时机到利用水驱曲线对提液效果评价的一整套体系,并选取7个井组10口油井进行了试验,取得了较好效果。在地层能量充足,剩余油富集区,同一个含水率阶段,有一个最优提液幅度,相同的提液幅度下,存在一个最优提液时机,南堡1-29断块NgⅣ油藏含水率在60%~80%之间,以2.5倍幅度提液,且在调剖后含水率下降阶段提液效果最好,有效指导了南堡1-29断块NgⅣ油藏的高效开发,具有重要意义。

关键词:提液;调剖;调提结合;提液时机;提液幅度;水驱曲线

南堡1-29断块NgⅣ油藏于2007年投入开发,含水率处于上升趋势,剩余油分布普遍,局部富集,措施手段单一,水井措施调剖效果最好,油井措施提液效果最好,对该区历次提液效果及调剖效果进行分析,发现增油效果逐渐变差,稳油控水难度大[1,2]。为此,选取7个井组10口油井进行"调剖+提液"结合研究与试验,为油藏改善开发效果提供了对策和依据。实践表明,调提结合平均单井累计增油787t,有效期110天,且甲型水驱曲线斜率有明显变小趋势,水驱效果得到改善。

1　选井选层基本条件

1.1　油藏渗流条件好

南堡1-29断块为一套比较简单的鼻状构造,倾向北西,局部受火成岩侧向遮挡,形成构造—岩性圈闭,主要含油层位为馆陶组,储集岩性以细砂岩、粉砂岩为主,胶结类型多为孔隙式胶结,填隙物以高岭石为主,孔隙类型主要为粒间孔,平均孔隙度为27.1%,平均渗透率为619.9mD,属于高孔—高渗透砂岩储层,沉积韵律以复合韵律为主(75%),储层层内与平面非均质性严重,变异系数为1.06~1.6,地下原油密度为0.7g/cm³,黏度为1.8mPa·s,属于常规稀油油藏。

相渗曲线显示随着含水率上升,油层含水饱和度不断增大,水相渗透率逐渐上升。调剖中的聚合物在驱油过程中,溶液中的自由聚合物分子在岩石孔壁上吸附并因机械捕集和水动力学捕集而被滞留于孔喉处,降低了水相流度,从而显著地降低了含聚合物的水相渗透率。油相渗透率变化很小[3],提液可有效驱替剩余油。无量纲采液指数为某一含水条件下的采液指数与含水为0时的采液指数之比,是评价不同含水条件下油井采液能力的指标,它只与储层类型和油藏流体性质有关,不同储层无量纲采液指数随含水的变化规律不同[4],从南堡1-29断块NgⅣ油藏的无量纲采液指数(图1)可以看出随着含水率的上升,无量纲采液指数增加,高含水期的无量纲采液指数增加幅度越来越大,为实施提液提供了根本保障。

1.2　地层压力保持水平高

增加单井产量的前提是确定合理的生产压差,以保证生产压差在接近或低于地层原始饱和压力的前提下开采,避免原油在地层内脱气,实现供产协调,充分挖掘剩余油潜力,南堡1-29断块NgⅣ油藏属于层状背斜带气顶的构造油气藏,储层物性好,原始地层压力为22.6MPa,饱和压力为18.1MPa,目前平均地层压力为18.8MPa,地层能量充足且在饱和压

力之上,部分断块(南堡 102X16 断块)压力达到 21.4MPa,主力断块局部高压区压力达到 21.2MPa,

对南堡 1-29 断块 NgⅣ油藏生产压差进行统计,目前平均生产压差为 2.4MPa,放大生产压差仍有余地。

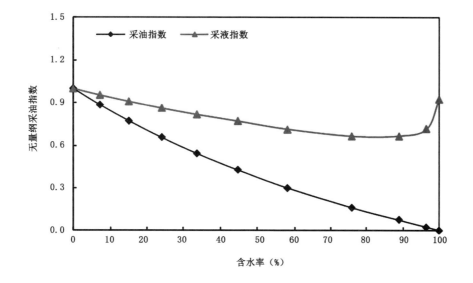

图 1   南堡 1-29 断块 NgⅣ油藏含水率与无量纲采油指数关系

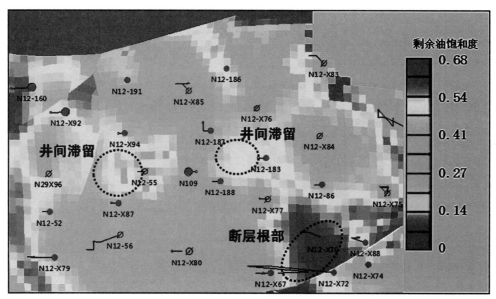

图 2   南堡 1-29 断块 NgⅣ油藏平面剩余油饱和度图

1.3   注水见效井占比高

南堡 1-29 断块 NgⅣ油藏储层分布稳定,连通性好,主力含油气层仅有 NgⅣ②3、NgⅣ②5、NgⅣ②6,油井具有高含水且多向见效、平面水驱不均的特点,区块共有油井 64 口,生产小层 172 个,水驱受控油井数 59 口,占比 92%,受控小层 158 个,占比 83%,受效小层 151 个,占受控层数的 95.6%,其中单向受效 47 层,占比 31%,双向受效 60 层,占比 40%,多向受效 44 层,占比 30%。

1.4   剩余油潜力明确

长期注水开发后,主流线端优势渗流通道发育,平面矛盾主要由优势渗流通道控制,平面上剩余油主要分布于构造边部、断层根部以及井间滞留型区域(图2)。纵向上,小层顶部剩余油饱和度较高(图3),层内水淹主要受韵律性影响,储层以复合韵律储层为主,层内物性差异大,受长期注水冲刷作用影响,储层中下部易形成高渗透通道,部分储层吸水剖面层内指进严重,断块层内动用效果变差,层内韵律层顶部剩余油饱和度高,调剖封堵主流线后提液可 改善流场有效挖潜剩余油。

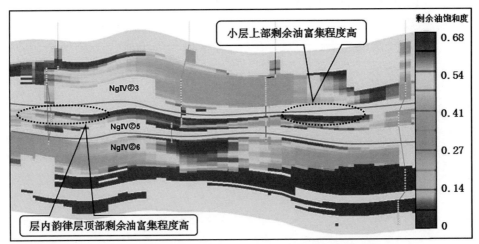

图3 南堡 1-29 断块 NgⅣ 油藏纵向剩余油饱和度图

2 提液时机及幅度

2.1 调剖见效井产液量与含水率的变化

根据南堡 109 断块调剖效果动态分析发现,见效井产液量与含水率变化具有一定规律性,呈现明显的漏斗形,整个调剖见效过程可以分为三个阶段:见效前期含水稳定阶段、见效期含水下降阶段及见效后期含水上升阶段(图4)。调剖初期,随着调剖剂的注入,聚合物浓度达到一定值时,由于聚合物黏度高,再加上油层对聚合物吸附捕集而引起渗流阻力增加,渗透率下降,使压力传导能力下降,导致注入、生产能力下降[5],油层产液能力也随之降低,地层供液能力低于水驱供液能力,这一时期聚合物尚未发挥作用,产液量与含水率基本保持稳定或者略有上升。进入调剖见效期后,即在注聚合物一定时间后,流体渗流阻力继续增加,聚合物驱油的调剖作用充分发挥,油层高渗透部位产液量减少,中低渗透部位产液量增加,此时含油饱和度高,产油量也随之

增加,油井含水率明显下降,采出液中聚合物含量迅速上升,含水率下降到最低,这一阶段含水率下降明显,产油量明显增加。在见效后期,注入压力逐渐下降,地层供液能力逐渐得到恢复,此时含水率逐步上升,聚合物驱效果变差直至恢复到水驱水平。

2.2 提液时机

(1)含水率下降期提液效果好。

调剖初期,与油井连通的注入井的供液能力较强,提液加剧聚合物推进速度,促进聚合物段塞形成,具有引效作用,能够取得较好的提液效果。含水率下降期,见效初期注入情况良好,采油井供液能力强,产出液中含油率较高,提液可减缓因产液量下降而导致产油量下降的趋势,提高调剖驱油效果。含水率上升期,由于含水率上升速度快,造成油井产量递减加大,产液量缓慢上升,提液潜力很小。以南堡102X16 断块为例,对调剖时机进行了拟合,结果表明,生产井对应水井调剖时,提液能够改善开发效果,但选择不同提液时机,开发效果存在差异,该断

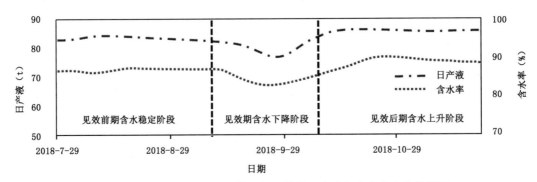

图4 南堡 1-29 断块 NgⅣ 油藏调剖见效井日产液与含水率变化曲线图

块调剖 2 个月后提液效果好(图 5)。动态分析结果显示调剖 2 个月后,南堡 102X16 井组正处于含水率下降区,提液效果明显,与数值模拟结果吻合。

为验证数值模拟结果与油藏的适应性,选取油藏地质条件类似、不同断块剩余油富集的 3 口井在三个阶段分别提液,含水率快速下降阶段提液效果最好。矿场动态反应显示,在调剖初期提液,能减缓因产液量下降较大而导致的产油量下降的趋势,可以加速聚合物段塞的形成,具有引效作用,但由于产液量水平低,致使产油量增加较少,且初期增油少,有效期短。含水率上升期提液,含水率上升过快,造成油井产量递减加大。

(2)含水率在 60%~80%之间提液效果最好。

从含水率与无量纲采液指数关系可看出随着含水率的上升,无量纲采液指数增加,高含水率期的无量纲采液指数增加幅度越来越大,在含水率大于 75%时,无量纲采液指数大幅上升,为最佳提液时机。参考胜利油田埕岛油田馆陶组不同含水率下提液的最终采出程度随含水率变化曲线[6],建议在含水率小于 80%之前提液。对南堡 1-29 断块 NgⅣ油藏 10 口调提结合井不同含水率阶段提液效果进行了统计,含水率小于 60%的油井 1 口,单井累计增油 401t,含水率 60%~80%的油井 5 口,单井累计增油 855t,含水率大于 80%的油井 4 口,单井累计增油 158t,矿场统计表明油井在 60%~80%之间提液效果最好。

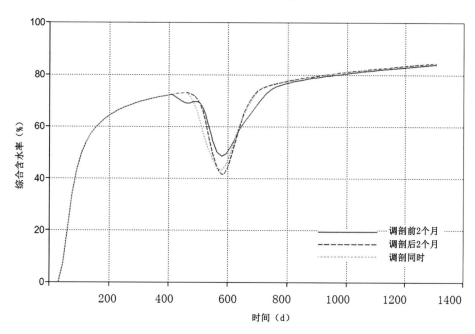

图 5　不同调剖时机含水率变化曲线

2.3　提液幅度

为了分析不同提液幅度下的提液效果,对试验井选取了 1.5 倍、2.0 倍、2.5 倍、3.0 倍提液幅度进行提液模拟研究及现场试验。数值模拟结果显示,提液 2.5 倍时提液效果最好(图 6)。现场试验提幅度小于 1.5 倍井 1 口,平均单井累计增油 112t;提液幅度 1.5 倍井 1 口,平均单井累计增油 257t;提液幅度 2 倍井 2 口,平均单井累计增油 495t;提液幅度 2.5 倍井 4 口,平均单井累计增油 1489t;提液幅度大于 2.5 倍井 2 口,平均单井累计增油 227t。现场试验显示与数模结果一致,且提液效果好的 4 口油井在提液前的含水率均在 60%~80%之间,分析认为南堡 1-

29 断块 NgⅣ油藏应在含水率达到 60%~80%时提液,并且以 2.5 倍幅度提液将会达到最好增产效果。

3　试验效果评价

3.1　增油效果好

南堡 1-29 断块 NgⅣ油藏提液效果呈现逐年下降的趋式,优选 2 口井开展"调剖+提液"结合试验效果较好,随后选取 8 口井实施"调剖+提液"、4 口井提液,提液井平均单井累计增油 142t,8 口"调剖+提液"结合井平均单井累计增油 787t,"调剖+提液"结合效果明显好于常规提液。

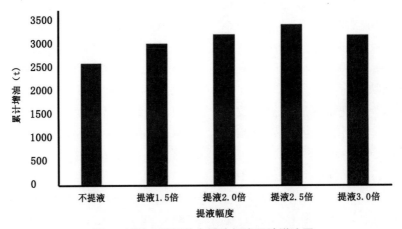

图6 试验井调提结合提液幅度累计增油图

3.2 水驱效果变好

提液的目的一方面是提高采油速度,实现高速开发,另一方面是挖潜剩余油,提高采收率。从水驱特征曲线公式推导的可采储量公式得知,水驱曲线斜率 b 变化可以反映油田开发效果的好坏。若提液后斜率变小,水驱效果变好,因为其既提高了采油速度又提高了采收率,实现了剩余油挖潜。若提液后,水驱曲线斜率不变,水驱效果中等,因为只提高了采油速度,没有提高采收率。若提液后水驱斜率变大,虽然提高了采液速度,但是提液后含水率大幅度上升,效果变差(图7)。对南堡1-29断块 NgⅣ油藏的10口调提结合井进行了分析,发现6口井效果变好,4口井效果中等,调提结合大幅度提升了提液措施有效率。

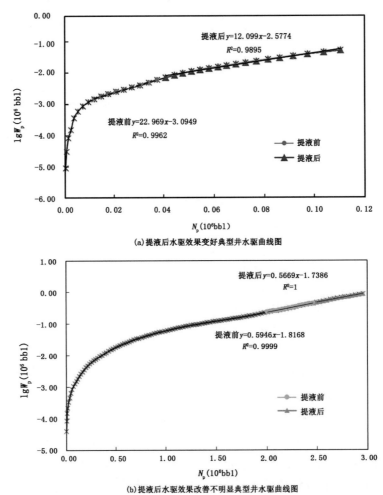

(a)提液后水驱效果变好典型井水驱曲线图

(b)提液后水驱效果改善不明显典型井水驱曲线图

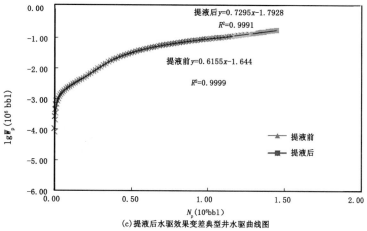

(c)提液后水驱效果变差典型井水驱曲线图

图 7   调剖采出井提液后水驱特征曲线变化情况

3.3   有效改善平面非均质性

"调剖+提液"相结合可提高区块动用程度,调整区块压力系统,改善不同方向上的注水推进速度,改变来液方向,从而达到改善流场的目的。南堡 1-29 断块 NgⅣ油藏平面矛盾严重,部分区域主流线方向驱替较好,剩余油饱和度低,弱流线方向剩余油相对富集。以南堡 1-29X96 井组为例,主流线方向为南堡 12-X92 井方向,弱流线方向为南堡 12-68 井方向,"调剖+提液"结合后,弱流线方向液量上升 2 倍,剩余油饱和度也表明弱流线方向主力层剩余油得到有效驱替,改善了平面非均质性。

4   结论

(1)油井提液是以油藏研究为基础,综合分析油井生产历史与现状,提液井必须是注水见效油井,能量充足,合理放大生产压差并选择合适的举升工艺,提液效果比较好。

(2)同一个含水率阶段,存在一个最优提液幅度,同时在相同的提液幅度下,有一个最优提液时机。通过模拟南堡 1-29 断块 NgⅣ油藏调提结合采油井提液时机时发现,含水率在 60%～80%之间,2.5 倍幅度提液,且在调剖后含水下降阶段提液效果最优。

(3)通过生产测井资料和地质油藏综合分析认

为,剩余油较为富集的区域,提液后生产效果较好。含水率大于 80%区域,放大生产压差后,含水率上升较快,提液效果差。因此提液要与剩余油分布紧密结合。

参 考 文 献

[1] 于生云.保持油藏非均质性粗化方法[J].科学技术与工程, 2011,11(8):1783-1785.

[2] 刘福平,孔凡群,刘立峰,等.河道砂油藏的自适应非均匀网格粗化算法[J].计算力学学报,2003,20(4):456-461.

[3] 宋考平,吴玉树,计秉玉.水驱油藏剩余油饱和度分布预测的(φ)函数法[J].石油学报,2006,27(3):91-93.

[4] 祁大晟,裴柏林.油藏模型网格粗化的理论与方法[J].新疆石油地质,2008,29(1):91-93.

[5] 孙致学,鲁洪江,孙治雷.油藏精细地质模型网格粗化算法及其效果[J]地质力学学报,2007,13(4):368-375.

[6] 王家华,马媛.渗透率粗化在精细油藏描述中的应用研究[J].电脑知识与技术,2010,6(4):942-943.

[7] 江汉桥,姚军,姜瑞忠.油藏工程原理与方法[M].东营:中国石油大学出版社,2006:18-22.

[8] 申辉林,刘汝强.临盘油田水淹层剩余油饱和度模型研究[J].同位素,2002,15(Z1):33-37.

[9] 张建国,雷光伦,张艳玉.油气层渗流力学[M].东营:石油大学出版社,1998:150-156.

[10] 刘海龙.一维水驱油恒压驱替渗流过程推导[J].大庆石油学院学报,2012,36(3):90-95.

第一作者简介   薛成(1982—),工程师,2007 年毕业于中国石油大学(华东)石油工程专业;现主要从事油藏管理工作。

(收稿日期:2021-3-15   本文编辑:净新苗)

高压低渗透油层保护的技术现状与探索

张林

(中国石油冀东油田公司南堡作业区,河北 唐海 063299)

摘 要:南堡油田某区块为中孔—特低渗透油藏,黏土矿物以高岭石和伊/蒙混层为主,具有较强的水敏特性。外界不配伍流体漏失进入地层,易产生水化膨胀,易造成黏土膨胀和微粒运移等地层伤害,造成产量在修井后显著下降。分析了该区块生产过程中油层伤害的机理及存在问题,开展油层保护技术适应性研究,为油层保护工艺的进步提供了参考。

关键词:油层保护;油层伤害;生产过程;作业过程

油层伤害是油层在长时间的生产过程中,采取各种措施如钻井、完井、采油、增产、修井等作业时,油层受内部储层特征影响和外界不配伍流体因素影响,对地层造成的伤害。

油层伤害不仅使油气资源损失,还造成生产成本增高,因此油层保护对油田生产有重要的意义[1]。

南堡油田某区块油藏为中孔—特低渗透储层,储层层间非均质性较强,层内非均质强;储层敏感性强;黏土矿物含量较高,黏土矿物成分以蒙皂石、高岭石为主;外界不配伍流体漏失进入地层,易产生水化膨胀,造成黏土膨胀和微粒运移等地层污染,使产量在修井后显著下降。该区块地层平均压力系数为1.15,属于典型的高压低渗透储层,作业过程中高密度压井液的使用也会对储层造成伤害。本文通过分析在生产过程中油层伤害的机理,针对每个特殊情况,开展油层保护技术适应性研究,包括优选压井液体系、不洗压井作业、防污染管柱、微泡暂堵、油井带压作业等,为油田油层保护技术提供依据。

1 生产过程中油层伤害的机理

1.1 油层伤害内因

油层伤害内因与油层孔隙结构、储层渗透率、敏感性矿物、岩石润湿性、流体性质等有关。

(1)储层特征。

油层中含有高岭石、伊/蒙混层等黏土矿物,易发生水化膨胀、分散和脱落,具有强水敏特征。

(2)储集空间。

对于中孔—特低渗透储层,易受到乳化堵塞和水锁等伤害,使油层的有效渗透率明显降低。油层均质程度低,外界固相颗粒易进入储层,造成固相堵塞伤害。

1.2 油层伤害外因

(1)储层改造措施伤害。

在压裂作业时,由于压裂液滤失,对缝壁两侧基岩渗透率造成伤害,大量支撑剂进入油层、嵌入储层岩石间,造成储层岩石的伤害,瓜尔胶或聚合物滤饼对油层的伤害等[2]。

在酸化作业时,酸液与储层中含沥青原油接触反应,产生酸渣;地层中流体与酸接触反应生成沉淀[3]。

(2)修井作业伤害。

在修井作业中,所采用修井作业工艺的不恰当及入井液的不配伍[4],造成油气层伤害,使该井在修井后达不到修井前的产量或注水量。

(3)生产中伤害。

地层中的油,在生产时,从地下到地面的过程中,伴随着压力、温度的下降,原油中的石蜡和沥青质成分会从中分离出来,部分沉积在井壁附近储层中,对储层造成伤害。

2 高压低渗透油层生产过程中存在的问题

在高压低渗透油藏,原油在地层存在脱气现象,造成气油比较高,循环洗井脱气不干净,造成井口压力较高。作业过程中,高密度压井液使用对地层造成污染,进而造成油层伤害。

生产过程中一旦地层确认存在油层伤害,就要准确地分析出伤害的原因,确认哪步环节是造成油层伤害最严重[5]。

3　油层保护技术适应性研究

3.1　不洗压井作业

不洗压井作业是一种有效的油层保护技术。为进一步减少油井在检、换泵作业过程中因洗井所造成的油层伤害,尽快恢复油井产量,采取的措施。

优点:该项技术可以完全避免入井液进入井内,因此对于满足不洗压井作业条件的油井,应优先考虑不洗压井作业。

3.2　防污染管柱技术

3.2.1　技术介绍

出现地层漏失现象的井,在洗井过程中,会出现入井液倒灌入油层中,造成油层伤害,影响油井产量。因此,为了避免洗井液对地层造成污染,目前多采用封隔器封卡工艺,将油层封卡后洗井。

优点:防污染管柱工艺的采用,避免了洗井液对油层的伤害,既缩短洗井排液的时间,又提高了油井生产时效。

3.2.2　管柱类型

目前使用的防污染管柱包括套管悬挂防污染管柱、油管悬挂防污染管柱和新型防污染管柱,如图 1所示。

3.3　微泡暂堵技术

微泡暂堵液由水(或含固相颗粒水)和表面活性剂、处理剂组成,通过相互之间产生化学作用,形成粒径较小的囊状泡或乳滴,分散在连续相中,形成稳定的气液体系,由油、气、水、固相组成的情况最为复杂。微泡暂堵液能够根据漏失地层裂缝缝宽和溶洞大小自动调节粒径大小和形状,封堵地层,避免外部入井液进入地层,对油层造成伤害。

优点:操作、配制相对比较简单,无固相,在地层中易降解,工艺可靠,对油层无伤害。

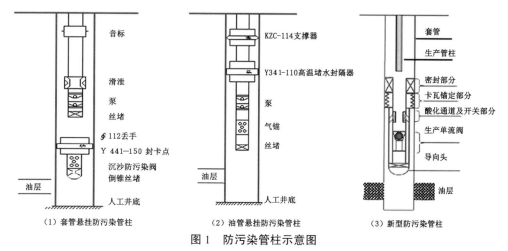

图 1　防污染管柱示意图

(1)套管悬挂防污染管柱　　(2)油管悬挂防污染管柱　　(3)新型防污染管柱

3.4　油水井带压作业

经调研,辽河油田抽油杆环形防喷器等配套工具研发成功,形成了带压连续起抽油杆等 3 项关键技术。水井通过带压作业装置完成油套环空的防喷及对管柱的控制,通过配套工具来实现油管内的封堵,避免入井液进入地层。

优点:带压作业与传统井下作业相比,对于油井而言,可以减少甚至彻底避免外来固相、液相对地层的伤害,保证油气层渗透率不会降低。同时地层压力系统不会受到破坏,大大缩短产量恢复周期,修后产量恢复快,提前达产,相应增加了产油天数、增加原油产量。对于水井而言,无需扩、放压即可上修;缩短作业时间、节约作业成本,保持地层能量。

3.5　解水锁技术

外来侵入液进入地层,使近井地带含水上升,由于非润湿相驱替润湿相时,产生的附加毛管阻力,以及在孔喉处,悬浮气泡或油珠产生的贾敏效应,造成地层渗透率下降,致使外来流体返排困难。

水锁解堵剂能降低外来工作液的表面张力、界面张力,使工作液易于返排,维持低渗透油藏的渗透性,保护好油气层。

优点:解水锁技术不但能防止外来侵入液对油井造成水锁伤害,而且能解除油井已经发生的水锁伤害,维持低渗透油藏的渗透性。

3.6　自循环热洗

为了减少日常洗井液进入地层,油井采用自循环热洗工艺。该工艺以抽油机为动力,在油井清蜡时,热量通过超导管传递给输油管中的产出液,油井产出液进入套管环形空间,使管柱中液体逐步升温,自循环热洗达到油井彻底清蜡目的。

优点:油井产液作为介质,加热后自循环洗井,也可使用邻井产液或者使用自带水循环液热洗,避免日常洗井液进入地层对地层进行污染。

3.7　日常注水油层保护

注水工艺要求:

(1)注入水质须达到 A1 级要求。

(2)注入水的矿化度要与地层水临界矿化度相近[6]。

(3)定期进行连续油管清洗等维护措施。洗井周期为每季度一次。

注水井防膨方案:

(1)注水前对地层进行防膨处理,处理半径为 2~4m,体系以 JRNW-1 体系为主。

(2)挤防膨剂前对地层进行洗油处理,清洗剂用量为 $1^3/_8$~10m 地层。

(3)地层清洗后关井反应 1h 后挤防膨剂;全部挤入后关井 24h 后注水。

(4)定期进行防膨处理。

4　技术应用情况

2017—2019 年主要通过对油田储层特征及储层敏感性评价分析,对潜在地层伤害因素进行研究,形成目标井配套的治理工艺方案,结合实际生产优化选井实施,实施效果显著(表 1)。共应用各类油层保护技术 2881 井次,平均措施有效率为 94%,平均缩短产量恢复期 3.06t,累计减少影响产量 $1.73×10^4$t。

表 1　现场应用效果统计表(2017.1—2019.12)

工艺分类	2017—2019年应用井次(口)	平均含水恢复		应用效果			效果评价
		应用前(d)	应用后(d)	有效率(%)	缩短含水恢复期(d)	减少产量影响(t)	
不洗压井作业	124	7.5	2.8	95	4.7	2985	(1)避免了洗压井液在地层的浸泡污染; (2)完井可直接启抽生产; (3)减少洗压井工序,缩短作业周期
防污染管柱	49	6.2	3.9	96	2.3	296	(1)可解决低压油井检泵、洗井、清蜡等措施作业后产量恢复期长、封隔器密封不严、解卡打捞困难等问题,提高作业过程安全性,有效保护地层; (2)局限性:需作业时下入,不利于油井后期措施作业;对井筒条件要求高
微泡暂堵	328	6.9	4.2	83	2.7	2350	(1)微泡能有效封堵漏失地层,暂堵时间可满足施工要求; (2)微泡返排容易,对储层伤害小; (3)不适应于高温、酸性储层
带压作业	140	6.4	3.1	98	3.3	1859	(1)避免了洗压井液在地层的浸泡污染; (2)完井可直接启抽生产; (3)减少洗压井工序,缩短作业周期
水锁解堵剂	26	5.5	3.6	93	1.9	756	
自循环热洗	2214	5.6	2.1	97	3.5	9122	(1)升温快、热效率高; (2)以油井自产液为介质,不污染地层; (3)排液周期短
小计	2881	6.4	3.3	94	3.06	17368	

5　结语

随着油藏的不断开采,油层受到了不同程度的伤害,油层保护已是油田生产重要的问题,必须结合油层的储层特征、原油物性及生产情况,分析油层伤害机理,准确找出油层在生产过程中存在的问题,选择合适的油层保护工艺方案。对于高压低渗透油层伤害保护技术还需不断研究,在目前油层保护工艺技术的基础上不断改革技术,做到更好保护油层的目的。

参 考 文 献

[1]　王京威.生产井钻、完井过程中的油气损害[J].中国贸易化工, 2015(14):359.

[2]　郝建华.冀东陆上油田生产井油层保护技术研究与应用[D]. 成都:西南石油大学,2017.

[3]　王瑞平.油水井增产增注技术中的油层保护问题[J].化工管理,2017(27):160.

[4]　樊爱银,王守清,李德勇.低渗透油藏的油层保护技术[J].中国包装科技博览,2012(21):3.

[5]　林少宏,吴成浩,刘良跃,等.低压稠油油田测试设计及钻井完井过程中油层损害评价方法[J].中国海上油气.工程,2001,10(13):31-34,38.

[6]　李明忠,秦积舜,郑连英.注水水质造成油层损害的评价技术[J].石油钻采工艺,2002(3):40-43+84.

作者简介　张林(1988—),男,工程师,2010 年毕业于中国石油大学(华东)石油工程专业,获学士学位;现主要从事油气田开发方面工作。

(收稿日期:2021-3-9　　本文编辑:白文佳)

精细剩余油饱和度计算方法探讨

纪淑琴[1]　张　林[1]　张强[2]　谷建伟[3]

(1.中国石油冀东油田公司南堡油田作业区,河北　唐山　063200;

2.中海油能源发展股份有限公司工程技术分公司,天津　滨海新区　300450;

3.中国石油大学(华东)石油工程学院,山东　青岛　266580)

摘　要:为确定剩余油的具体分布位置及剩余油量,根据油田区块的相渗数据及油水黏度,推导出过水倍数与含水饱和度的关系式,以常规粗模型为基础,结合贝克莱—列维尔特方程驱油理论,根据每个网格的物性差异,推导纵向上每层网格的含水饱和度,继而推导出精细模型每层网格中每个细网格的含油饱和度。通过对某油田某区块实例数据进行计算,结果表明精细剩余油饱和度的计算方法具有可靠性。该方法的优点是在已知精细模型物性资料的情况下,不用粗化模型进行数值模拟,也可推算出剩余油的具体分布位置及剩余油量。精细模型剩余油计算方法对确定剩余油具体位置及剩余油量具有重要意义。

关键词:精细模型;剩余油饱和度;计算方法;分布位置

根据文献调研,数值模拟需多次迭代和解巨大的线性方程组的运算,目前对模型粗化[1,2]的研究比较多,对精细模型剩余油饱和度计算方法的研究比较少。宋考平等[3]基于注入孔隙体积倍数与采出量关系,提出了一种剩余油饱和度分布预测方法。这种方法省去了数值模拟中多次迭代、解巨大线性方程组的运算,并大大提高了预测剩余油分布及动态指标的效率。祁大晟、裴柏林[4]对油藏网格粗化理论进行研究分析,阐述了油藏精细地质模型[5,6]粗化需要解决的一些难点问题。油藏表征体元的获取就是其中一个问题。本文在物质守恒控制的条件下,提出了基于常规粗模型数值模拟结果,计算出精细模型剩余油饱和度,从而找到剩余油的具体位置,对剩余油的进一步开采具有重要意义。

1　平均剩余油饱和度计算方法

该方法是在不考虑重力及毛管力作用的情况下,探讨平均剩余油饱和度[7,8]的具体分布位置。已知某油田某区块的相渗数据及油水黏度,可以计算出含水率导数 f_w' 与含水饱和度 S_w 的关系式。定义过水倍数 PV 为 f_w' 的倒数,即过水倍数与含水饱和度的关系式。

2　垂直方向网格含水饱和度计算方法

首先在垂直方向划分网格,如图1所示。已知粗网格的含水饱和度,根据过水倍数与含水饱和度的关系式,计算出粗网格总的过水倍数,根据下式可以求得粗网格的总累计注水量 Q:

$$PV = \frac{Q}{\bar{\phi} D_X D_Y D_Z} \tag{1}$$

式中　D_X, D_Y, D_Z——分别为网格在 x, y, z 方向的长度,m;

　　　PV——粗网格总的过水倍数 PV;

　　　Q——粗网格的总累计注水量,m³;

　　　$\bar{\phi}$——粗网格的平均孔隙度。

$$Q_i = \frac{K_i h_i}{\bar{K} \sum_{i=1}^{n} h_i} Q \tag{2}$$

式中　$\bar{K}$——粗网格的平均渗透率,D;

　　　K_i——划分的小网格每层的平均渗透率,D;

　　　$h_i (i=1,2,3,\cdots)$——小网格每层的厚度,m;

　　　Q——粗网格的总累计注水量,m³;

　　　$Q_i (i=1,2,3,\cdots)$——每层的累计注水量,m³。

$$PV_i = \frac{Q_i}{\bar{\phi} D_X D_Y h_i} \tag{3}$$

式中　PV_i——每个网格的过水倍数。

根据每层网格的物性不同,由式(2),根据 Kh 劈分每一层的累计注水量。根据式(3),计算每层网格的过水倍数,依据过水倍数与含水饱和度的关系式,计算每层网格的含水饱和度和含油饱和度。

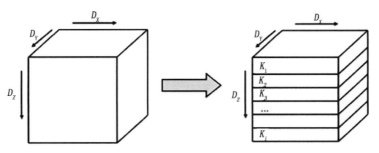

图 1　网格划分示意图

3　平面网格含油饱和度计算方法

以其中某一层为例进行分析,将该层平行于水流方法划分网格,如图 2 所示。前面已经计算出该层的累计注水量,根据该层每个网格的物性不同,通过图 2 中纵向上每层网格平均剩余油饱和度的计算方法,根据每个网格 KD 劈分累计注水量,推算出该层平面上每个网格的累计注水量 $Q(t)$ 。

以该层中的某一个网格为例分析说明,将该网格沿垂直于水流方向再划分网格,划分为 $1,2\cdots,i$ 个网格,如图 3 所示, $1,2\cdots,i$ 网格的累计注水量为 $Q(t)$ 则已经求出。假设注水井在左端,由贝克莱—列维尔特驱油理论[9,10],推得如下方程:

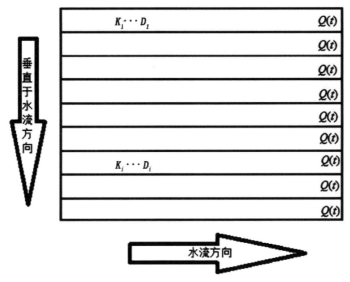

图 2　平面上水流方向网格划分示意图

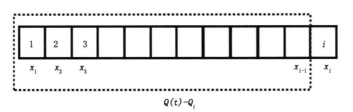

图 3　含水饱和度计算示意图

$$x - x_1 = \frac{Q(t)}{\phi A} f_w'(S_w) \qquad (4)$$

式中　x_1——在 t 时刻时,小网格注入端的位置,m;

x——在 t 时刻时,小网格出口端的位置,m;

$Q(t)$ ——在 t 时刻,从 x_1 至 x 位置,累计注水量,m³;

ϕ——孔隙度；

A——油层的横截面积，m^2；

根据累计注水量 $Q(t)$，最后一个小网格的位置暂定为 x_i，将 x_i 代入式（4），计算出第 i 个网格含水率的导数，根据含水率的导数与含水饱和度的关系式，推算出第 i 个网格的含水饱和度。第 i 个网格，依据已经计算出的含水饱和度，利用式（5）最后计算出第 i 个小网格的累计注水量 Q_i。

$$Q_i = A dx \phi S_w \qquad (5)$$

已知粗网格的累计注水量 $Q(t)$，$Q(t)$ 减去累计注水量 Q_i，得前面 x_1 至 $x_i - 1$ 个小网格的总的累计注水量，如图 3 所示。

采用相同的计算方法，将 $x_i - 1$ 的位置和 $Q(t) - Q_i$ 代入式（5）中，求得第 $i - 1$ 个网格的含水率的导数，计算出对应的含水饱和度。

依据此方法依次往前推算，计算出每个小网格的含油饱和度。

4 物质平衡校正

根据物质守衡原则，如图 4 所示，细网格总的剩余油量应等于 1 个粗网格的剩余油量。依据物质平衡，探讨剩余油具体分布位置。

精细网格中每个网格的孔隙度为 ϕ_i，含油饱和度为 $S_{oi}(i = 1, 2, 3, \cdots)$，已知粗网格的平均孔隙度及平均含油饱和度。精细网格与粗网格必须满足物质守恒，即满足下面公式：

$$\overline{S}\overline{\phi}D_X D_Y D_Z = \sum_{i=1}^{n} S_{oi}(d_x d_y d_z)_i \phi_i \qquad (6)$$

式中 D_X, D_Y, D_Z——分别代表粗网格步长，m；

d_x, d_y, d_z——分别代表细网格步长，m。

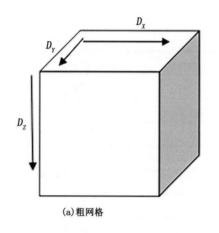

(a)粗网格

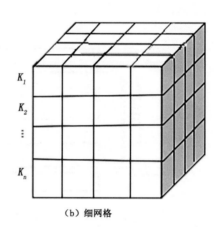

(b)细网格

图 4 粗网格和细网格示意图

5 实例应用

以某油田某区块数据资料为例，设置直线排状系统井网模式，两口注水井和两口生产井相互间隔，生产井与注水井相互对应，井距为 200m×200m。生产井井底最小控制流压为 10MPa，注水井井底最小控制流压为 40MPa。油层深度为 2500m。建立精细模型在 x、y、z 方向划分为 40×40×12 个 5m×5m×3m 的网格。将精细模型粗化后，x、y、z 方向被划分为 10×10×4 个 20m×20m×9m 的网格。垂直方向网格划分如图 5 所示。渗透率范围为 $2.35 \times 10^{-3} \sim 46133 \times 10^{-3}$D，孔隙度范围为 8.1%～36.5%，按正韵律分布。不考虑重力与毛管力的作用。

通过数值模拟，可以模拟出垂直方向上每一层的平均剩余油饱和度和细网格每一层的平均含油饱和度，如图 6 所示。

精细模型以第一层为例来展示说明平面剩余油饱和度分布，如图 7 所示，以第一层网格为例，将第一层整体作为粗网格，沿 y 轴方向划分，划分为 4 个网格，数值模拟结果见表 1 和表 2。

粗模型数值模拟后，可知粗网格的平均含油饱和度，利用粗网格的平均含油饱和度，依据式（6），反向计算出该层每个网格的平均含油饱和度，依此方法，反向计算出整个细模型每个细网格的含油饱和度。

通过数值模拟计算出每一个细网格的含油饱和度，根据粗网格模拟结果，又用前文介绍的方法进行了编程计算。选取了一系列网格进行了结果比较。如图 8 所示。

　　两种计算结果曲线非常相近,说明本文研究方法的计算结果可信程度比较高。计算结果有误差是由于细网格粗化后,渗透率与孔隙度及井网位置都有变化,且用到的拟合曲线所得的插值公式也有误差。两种计算结果的绝对误差为 0.0001～0.0336,相对误差为 0.025%～8.112%。

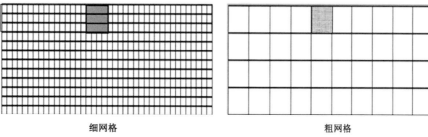

　　　　　　　细网格　　　　　　　　　　　　　　　粗网格

图 5　垂直方向网格划分示意图

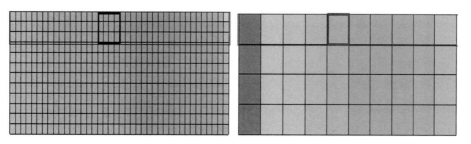

图 6　垂向直方向剩余油饱和度分布图

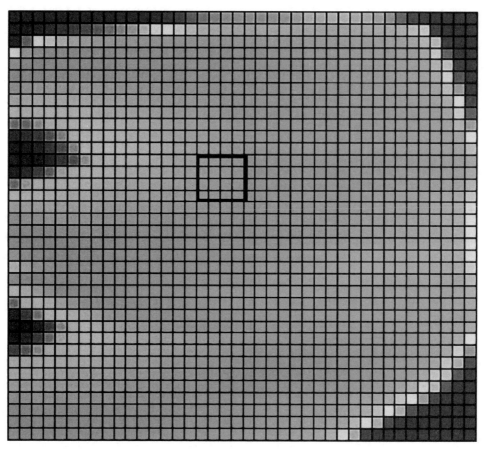

图 7　以第一层为例,平面剩余油饱和度分布示意图

表1　数值模拟结果

沿 y 方向的四个大网格	y_1	y_2	y_3	y_4
平均含油饱和度	0.5172	0.5177	0.5198	0.5228

表2　每个小网格含平均含油饱和度

沿 y 方向的四个大网格	x_1	x_2	x_3	x_4
y_1	0.5125	0.5157	0.5186	0.5213
y_2	0.5136	0.5165	0.5193	0.5217
y_3	0.5174	0.5186	0.5207	0.5234
y_4	0.5196	0.5215	0.5236	0.5271

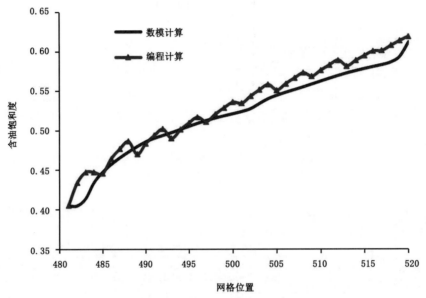

图8　含油饱和度与网格位置的关系曲线

6　结论

（1）计算垂直方向网格平均剩余油饱和度，垂直方向分层后，每一层作为一个二维平面，根据 Kh 劈分每一层的累计注水量，依据相渗关系，计算出过水倍数和含油饱和度的关系，从而计算出每个网格的含油饱和度。

（2）计算水平方向网格平均剩余油饱和度，首先，在水流方向划分网格，根据每个网格 KD 劈分累计注水量，采取计算垂直网格含油饱和度相同的方法，最后进行校正。在同一平面内，划分垂直于水流方向的网格，计算每个网格的含油饱和度，主要运用贝克莱—列维尔特方程驱油理论，最后进行校正。

（3）在细模型物性资料已知情况下，可以不采用粗化数模模拟，就能计算出剩余油的具体分布位置及剩余油量，该精细模型剩余油饱和度计算方法能有效提高剩余油预测的精度，对指导剩余油精细挖潜有重要意义。

参 考 文 献

［1］　于生云.保持油藏非均质性粗化方法［J］.科学技术与工程，2011,11（8）:1783-1785.

［2］　刘福平,孔凡群,刘立峰,等.河道砂油藏的自适应非均匀网格粗化算法［J］.计算力学学报,2003,20（4）:456-461.

［3］　宋考平,吴玉树,计秉玉.水驱油藏剩余油饱和度分布预测的（φ）函数法［J］.石油学报,2006,27（3）:91-93.

［4］　祁大晟,裴柏林.油藏模型网格粗化的理论与方法［J］.新疆石油地质,2008,29（1）:91-93.

［5］　孙致学,鲁洪江,孙治雷.油藏精细地质模型网格粗化算法及其效果［J］地质力学学报,2007,13（4）:368-375.

［6］　王家华,马媛.渗透率粗化在精细油藏描述中的应用研究［J］.电脑知识与技术,2010,6（4）:942-943.

［7］　江汉桥,姚军,姜瑞忠.油藏工程原理与方法［M］.东营:中国石油大学出版社,2006:18-22.

[8]　申辉林,刘汝强.临盘油田水淹层剩余油饱和度模型研究[J].
　　　同位素,2002,15(Z1):33-37.

[9]　张建国,雷光伦,张艳玉.油气层渗流力学[M].东营:石油大学
　　　出版社,1998:150-156.

[10]　刘海龙.一维水驱油恒压驱替渗流过程推导[J].大庆石油学
　　　院学报,2012,36(3):90-95.

第一作者简介　纪淑琴(1987—)女,工程师,2014 年毕业于中国
石油大学(华东)油气田开发工程专业,获硕士学位;现主要从事油气
田开发工作。

(收稿日期:2021-2-25　　本文编辑:净新苗)

高低水平井井眼轨道设计与控制技术

韦伸刚

(中国石油冀东油田公司钻采工艺研究院,河北　唐山　063004)

摘　要: 冀东油田高尚堡、南堡2-3区等老区块浅层油藏孔渗性好、底水充足,已进入注水开发中后期,但油藏高部位及层顶部剩余油富集,难以驱替。为进一步提高采收率,计划在高尚堡、南堡2-3区等老区块浅层油藏进行高低水平井气顶重力驱开发试验。为此开发建立了一套高低水平井井眼轨道设计与控制技术。通过分析开发试验对高低水平井轨道设计和控制的要求,综合考虑开发试验区块储层埋深、储层厚度、地层倾角、储层埋深预测误差和工具控制能力等影响因素,确定了"三增三稳"为主的水平井轨道设计,优化了轨道设计参数,并制定了不同储层条件下的轨道控制技术方案。高低水平井井眼轨道设计与控制技术在冀东油田气顶重力驱开发试验区块应用66井次,平均储层钻遇率达到94%,实现了地质目的,满足了后期作业要求。

关键词: 气顶重力驱;高低水平井;轨道设计;控制技术

冀东油田高尚堡、南堡2-3区等老区块浅层油藏孔渗性好,胶结疏松,底水能量较充足,储层平面、层内非均质性强,底水沿高渗透带突进,综合治理难度大,采出程度较低、含水高,但油藏高部位及层顶部剩余油富集,迫切需要转换开发方式,改善开发现状,进一步提高采收率。现有研究和实施情况表明,气顶重力驱是高含水后期老油田提高剩余油动用程度的一种重要开发方式[1-3]。为此,2019年冀东油田开始在高浅北区高104-5断块Ng12+13、南堡2-3区NgⅣ、唐71X2断块NgⅢ油藏开展水平井气顶重力驱开发试验,探索油藏开发新方式。通过分析剩余油潜力分布及构造特征,并根据高低水平井气顶重力驱作用机理,重构高低水平井互助气顶重力驱井网。井网采取高部位注气,低部位采油,利用注采井高度差及重力分异作用,转变驱替介质实施气驱,从而实现提高波及体积、控水增油、抑制气窜、提高油藏采收率的目的(图1)。

气顶重力驱高低水平井对井眼轨道设计和轨迹控制提出了新的挑战,特别对注入井与采油井高差、采油井避油高度、避气高度、互助水平井间距等都提出了具体要求。高低水平井轨道设计和轨迹控制需要解决的突出问题表现在三个方面:一是井眼轨道如何设计更有利于实现地质目的;二是复杂油藏条件下如何优选适用性强的导向工具,满足轨道精准控制要求;三是如何提高地质导向精确控制工艺水平,提高储层钻遇率。

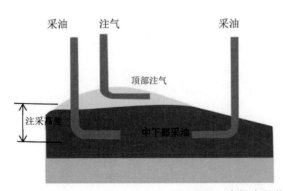
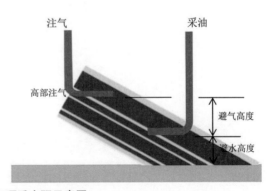

图1　高低水平井气顶重力驱示意图

1　轨道优化设计

1.1　高低水平井对井眼轨道的要求

高低水平井互助气顶重力驱井网要求注入井部署于油藏高部位,目的层段控制在距油顶 2m 范围内,采油井目的层段部署于油藏低部位,与注入井合理高差 10m 以上,避底水合理高度在 5m 以上,并要求水平井储层钻遇率大于 85%。同时为有利于后期作业,采油、注气工程要求设计井眼曲率不大于 7°/30m。

1.2　轨道类型优选

进行水平井井眼轨道类型选择时,需要考虑地质条件、油气层情况、地质要求、靶前位移等影响因素。水平井常用的井眼轨道有三种类型:单增井眼轨道、双增井眼轨道和三增井眼轨[4]。三增井眼轨道又称“直—增—稳—增—稳(探油顶)—增(着陆段)—水平”轨道,增加了两个稳斜调整段:第一个稳斜调整段用于调整工具造斜能力的误差;第二个稳斜调整段用于探油顶,以消除地质勘探误差,又称稳斜探顶法,能够很好地适用于油顶位置误差较大的水平井或薄油层水平井。虽然近年来地震资料品质及处理精度都有了大幅提高,但由于地层各向异性,利用已钻井合成记录来标定的速度应用到待钻井仍会出现误差[5,6],进而导致地层深度、倾角及厚度的预测结果存在误差。冀东油田气顶重力驱实验区块储层埋深在 2500m 左右,地面平台受限,靶前位移大,属于复杂断块油藏,储层薄、厚度不均、走向有起伏变化、储层埋深和厚度准确预测的难度大。结合实验区块油藏特点和水平井轨道设计适用情况,确定气顶重力驱水平井轨道以三增井眼轨道为主(图 2),并设计合理探层角,以应对储层埋深和定向工具误差带来的影响,从而提高轨迹符合率和储层钻遇率。

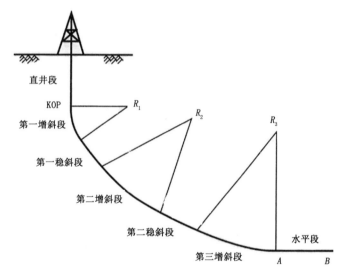

图 2　三增井眼轨道示意图

1.3　轨道控制参数设计

冀东油田受地面条件的限制,具有井口密集、靶前距大的特点,因此水平井轨道设计采用长曲率($k<6°/30m$)设计为主。根据靶点水垂比优化造斜点深度,设计第一稳斜段井斜在 40°左右,从而在整体上降低钻井、定向、测井和完井的施工难度。

合理的中靶造斜率和探油顶井斜角设计会对实钻效果产生重要影响。因储层埋深误差导致提前探到油顶时,需要尽快增斜着陆,造斜率太小会因垂深增量过多而钻穿储层,降低储层钻遇率,设计造斜率太大会超过工具造斜能力并影响后期作业安全。不同造斜率增斜至 90°时垂深增量如图 3 所示。因此,为利于水平段探油顶、着陆,并考虑到工具实际造斜能力和后期作业要求,高低水平井设计造斜率一般为 4°~7°/30m。

冀东油田气顶重力驱试验区块储层倾角一般在 3°左右,厚度在 10m 左右,并存在埋深预测误差。如探油顶井斜角设计值过大,当实际储层面滞后时,将在稳斜探顶过程中产生过大平差而错过有利储层;如设计值过小,就需要更大的着陆造斜率,当工具的实际造斜能力不足时则无法顺利着陆,错过有利储层。为保证储层钻遇率和减少不必要的钻井进尺，需要设计合适的探油顶井斜角。参考探油顶井斜角设计方法[7,8]，结合试验区块储层特征，设计 83°～87°探油顶井斜角，稳斜 30m 探油顶，探到油顶后在

30m 左右进尺内增斜至水平段井斜着陆中靶（表1）。实际控制过程中加强地层对比，根据储层提前或滞后情况灵活调整探油顶井斜角大小，保证顺利中靶入窗。

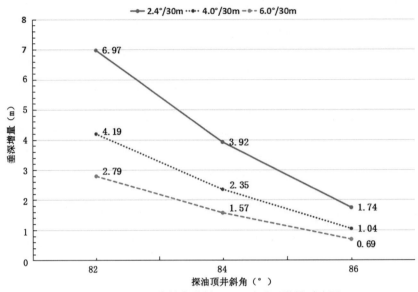

图 3　三不同造斜率增斜至 90°时垂深增量对比图

表 1　试验区块轨道控制参数设计情况表

区块	部署井数（口）	储层埋深（m）	储层倾角（°）	储层厚度（m）	设计造斜率（°/30m）	设计水平段井斜角（°）	设计探油层井斜角（°）
G104	55	1850	2～3	2～10	4～7	88～92	83～87
NP2-3	5	2470	4～6	10～20	5～6	90	84～85
T71X2	7	1250	0～3	2～10	4～6	90	84～86

2　轨迹控制技术

水平井井眼轨迹控制的原则是根据轨道设计情况，结合地层情况，优选轨迹控制方案，并运用地质导向技术，根据地层岩性的变化及时调整实钻轨迹，控制好着陆段和水平段的井眼轨迹，实现地质钻探的目的。

2.1　轨迹控制工具的优择

目前国内外水平井地质导向方式主要有弯螺杆+LWD、近钻头导向系统、旋转导向系统三种方式。近年来贝克休斯等国内外公司又发展了实时边界探测技术，可实现对储层边界和油水界面的距离探测[9]。主要地质导向工具特点见表 2。

综合考虑技术要求和成本控制问题，高低水平

井轨迹控制工具的选择分成两个阶段：第一阶段从造斜点开始设计使用 MWD+螺杆进行上部定向段的轨迹控制；第二阶段探油顶及水平段根据储层情况和工具的控制能力设计相匹配的地质导向工具（图4、表3），以利用伽马和电阻率测量数据及时准确地识别储层并完成储层内地质导向工作。

2.2　轨迹控制工艺

上直段主要是防斜打直，为下一步造斜段钻进创造良好的条件，造斜点开始应用弯螺杆+MWD 进行定向段的轨迹控制，并根据直井段的实钻轨迹对造斜段井眼轨道进行修正，及时消化上直段产生的位移，将井眼轨迹调整到设计线上。

在探油顶井段，维持稳斜钻进，利用多级标志层逐级逼近法，与邻井地层进行对比，发现地层变化，预测油顶深度，及时对井眼轨迹进行调整[10]，同时建

立三维地质模型,更清晰地掌握储层特征,帮助进行地质导向。若油顶提前,应增大探油层井斜角,多走位移,避免靶前入层增加水平段进尺。若油顶滞后,应减小探油层井斜角,多走垂深,避免靶后入层错过有利储层。当电阻率开始抬升,自然伽马值下降,结合钻屑、气测等资料确认钻头进入油层后,增斜至水平段井斜角。

在水平控制段,监测电阻率、伽马及轨迹变化趋势,并综合利用岩屑气测录井和邻井资料,判断钻头在油层中的位置,以提高油层钻遇率。

表 2　主要地质导向方式特点分析表

工具类型	工具特点	适应情况
弯螺杆+MWD/LWD	(1)常规螺杆零长 12m 左右,短螺杆零长 6m 左右,测量盲区较长,导向能力较弱; (2)应用广泛,技术成熟,费用较低,组织保障能力强	储层埋深认识较准确,储层厚度较大,储层内调整要求小的水平井
近钻头导向	(1)测点距离钻头近(2m 左右),测量盲区短,导向能力强; (2)方位伽马电阻率可判断钻头在油层中的位置	地下油水关系复杂、薄油层、储层内调整要求较高的水平井
旋转导向	(1)测点距离钻头近(2m 左右),测量盲区短,导向能力强; (2)钻具旋转情况下具有导向能力,减少拖压,降低摩阻; (3)井眼更光滑,减少卡钻风险,利于后续管柱入井; (4)费用较高,不易组织	摩阻大,定向困难,储层内导向要求高的长水平段水平井
探边工具	(1)360°界面探测,可确定钻头与地层界面的距离; (2)可控制距油顶、油底或者油水界面的理想距离; (3)费用较高,不易组织	对构造和地层不确定性较高,以及对井轨迹有很高要求的储层

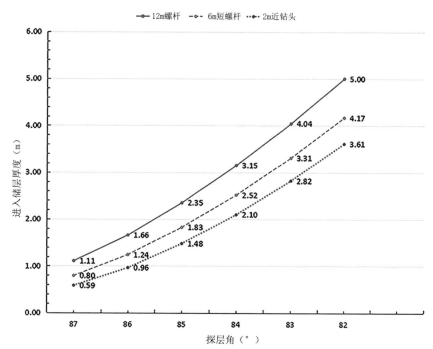

图 4　导向工具以 5°/30m 造斜率增斜至 90°时进入储层厚度对比图

表 3　轨迹控制第二阶段导向工具设计方案

区块	储层埋深 (m)	储层厚度 (m)	平均水平段长 (m)	导向工具设计
G104-5	1850	2~10	260	储层厚度<4m:近钻头导向工具; 4m<储层厚度<5m:短螺杆+LWD; 储层厚度>5m:常规螺杆+LWD
NP2-3	2470	10~20	250	
T71X2	1250	2~10	300	

3 应用效果分析

2019—2020 年,在 G104-5、NP2-3、T71X2 三个气顶重力驱试验区块共部署完成 66 口高低水平井。根据区块及单井储层特征,通过优化轨道参数设计,优选轨迹控制方案,运用储层精确控制工艺,实钻轨道注采高差、井距、避气避水高度达到了地质设计要求。其中着陆及水平段地质导向应用常规螺杆+LWD 仪器 57 口井、短螺杆+LWD 仪器 7 口井、近钻头导向工具 2 口井,平均储层钻遇率达到 94%。

高 104-5 平 206 井是部署于高尚堡油田高浅北区高 104-5 区块 Ng12 油层构造较高部位的一口采油井,主要目的是在滚动扩边的基础上构建气顶重力驱井网,提高油藏采收率。设计 A 靶点海拔 -1863m,靶前距 555.76m,闭合方位 128.32°;B 靶点海拔 -1863m,靶前距 762.27m,闭合方位 122.06°。根据邻井已钻井油气层钻遇情况显示,预测本井 Ng12 储层层顶海拔深度为 -1861m,垂深 1872.26m,钻遇油层厚度 3～5m。

高 104-5 平 206 井采用三增三稳水平井轨道设计,造斜点 1260m,为满足邻井防碰需要增斜段设计 5°/30m 和 7°/30m 两种井眼曲率,增井斜至 84.17° 扭方位至 105.95° 后,设计 25m 稳斜段探油顶,以应对可能的储层埋深误差,探到油顶后设计 25m 增斜段增斜至 90° 矢量中靶窗,设计水平段长 218.4m,按地质要求留足口袋完钻。设计二开井身结构(图

5),φ139.7mm 套管顶部注水泥+φ139.7mm 滤砂筛管完井。

根据高低水平井导向工具设计方案,该井预计储层厚度 3～5m,设计探油顶及水平段应用近钻头导向工具进行导向控制,上部定向段应用常规螺杆+MWD 进行轨迹控制。实际钻进至井深 1795m 进入第二增斜段时起钻,将常规螺杆+MWD 导向钻具换为近钻头导向钻具。导向钻具组合采取了倒装结构:φ215.9mmPDC+φ172mmNWD 近钻头导向工具(含螺杆 1.5°)+浮阀+172mm 接收短节+φ172mm 无磁悬挂+保护接头+φ127mm 无磁承压钻杆+φ127mm 钻杆×75 根+φ127mm 加重×12 根+φ127mm 钻杆。通过对比邻井地层钻遇情况,地质导向小组要求钻至井深 2110m 时增斜至 84.5°,在盖层泥岩段稳斜探油顶。探油顶钻进至井深 2133.47m 时伽马值下降、电阻率升高(图 6),地质循环捞取砂样,有荧光显示,确定油层顶井深为 2131m,垂深 1873.76m,比设计值深 1.5m。确定油层顶后以 6°/30m 造斜率增井斜至 90° 稳斜钻水平段。在水平控制段,根据方位伽马和方位电阻率曲线走势,结合岩屑气测录井和邻井资料进行井斜微调,保证钻头在储层内钻进。根据地质要求,钻至井深 2270m 完钻,水平段最大井斜 90.1°,钻遇油层 1 层 139m,油层钻遇率 100%,与注入井高 104-5 平 207 井水平段高差 7m,实现了地质目的。

表 4 高 104-5 平 206 井设计井眼轨道数据表(补心高 11.26m)

测深 (m)	井斜角 (°)	方位角 (°)	垂深 (m)	闭合位移 (m)	闭合方位 (°)	狗腿度 (°/30m)	备注
0.00	0.00	0.00	0.00	0.00	0.00	0.00	
1260.00	0.00	0.00	1260.00	0.00	0.00	0.00	
1495.71	39.28	143.01	1477.67	77.68	143.01	5.00	
1793.96	39.28	143.01	1708.52	266.53	143.01	0.00	
2048.65	70.17	105.95	1857.15	457.59	133.49	5.00	
2108.65	84.17	105.95	1870.45	510.04	130.45	7.00	
2133.65	84.17	105.95	1872.99	532.77	129.35	0.00	
2158.65	90.00	105.95	1874.26	555.76	128.32	7.00	A 靶
2377.05	90.00	105.95	1874.26	762.27	122.06	0.00	B 靶
2392	90.00	105.95	1874.26	776.97	121.75	0.00	

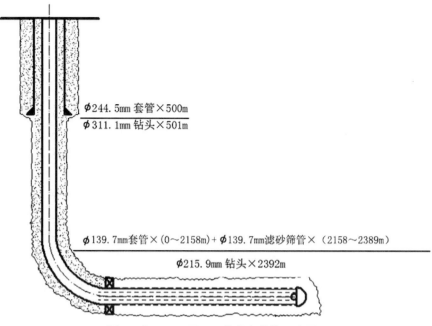

图 5　高 104-5 平 206 井井身结构示意图

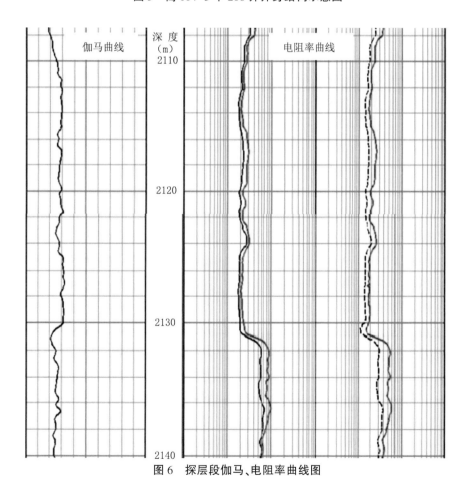

图 6　探层段伽马、电阻率曲线图

4　结论与认识

（1）水平井轨道类型的选择和轨道控制参数的设计,应综合考虑储层特征、导向工具的控制能力及后期作业的要求,合理的轨道类型和控制参数对探油顶、着陆中靶、提高储层钻遇率至关重要。

（2）近钻头导向工具零长较短，能更早地发现目的层，及时调整井眼轨迹，减少调整段长，从而提高薄油层的中靶率和储层钻遇率。

（3）冀东油田气顶重力驱高低水平井井眼轨道设计与控制技术能够满足油田相关开发试验对水平井轨迹的要求，也可为同类油藏常规水平井井眼轨道设计与控制技术提供参考。

参 考 文 献

[1] 梁淑贤,周炜,张建东.顶部注气稳定重力驱技术有效应用探讨[J].西南石油大学学报:自然科学版,2014,36(4):86-92.

[2] 杨超,李彦兰,韩洁,等.顶部注气油藏定量评价筛选方法[J].石油学报,2013,34(5),939-946.

[3] 周炜,张建东,唐永亮,等.顶部注气重力驱技术在底水油藏应用探讨[J].西南石油大学学报:自然科学版,2017,39(6):92-100.

[4] 王清江.定向井钻井技术[M].北京:石油工业出版社,2016:169-170.

[5] 王童奎,翟瑞国,赵宝银,等.南堡凹陷潜山面精细成像目标攻关处理研究[J].地球物理学进展,2010,25(3):857-865.

[6] 李文杰,曲寿利,魏修成,等.非零偏 VSP 弹性波叠前逆时深度偏移技术探讨[J].地球物理学报,2012,55(1):238-251.

[7] 王清江.定向井钻井技术[M].北京:石油工业出版社,2016:182-184.

[8] 孙腾飞,高德利,杜刚,等.目标垂深不确定条件下的水平井轨道设计[J].断块油气藏,2012,19(4):526-528.

[9] 吴意明,熊书权,李楚吟,等.探边工具 AziTrak 在开发井地质导向中的应用[J].测井技术,2013,37(5):547-551.

[10] 刘岩松,衡万富,刘斌,等.水平井地质导向方法[J].石油钻探工艺,2007,29(增刊):4-6.

作者简介　韦仲刚(1984—),工程师,2007 年毕业于中国石油大学(北京)石油工程专业,获学士学位;现从事钻井工程设计方案编制和钻井技术研究工作。

（收稿日期:2021-1-29　　本文编辑:净新苗）

抗高温高黏弹性凝胶调剖体系研究与应用

李迎辉[1]　郭吉清[2]　李晓萌[1]

(1.中国石油冀东油田公司陆上作业区,河北　唐海　063299;

2. 中国石油冀东油田公司钻采工艺研究院,河北　唐山　063004)

摘　要:油藏经过长期注水开发,优势渗流通道较发育,无效注水循环严重,剩余油分布复杂。以柳 160-1 断块为例,为了有效封堵优势渗流通道,使深部液流转向,提高油藏波及面积,开展抗高温高黏弹性凝胶调剖体系试验研究。室内实验结果表明,高黏弹性凝胶调剖剂具有较好的耐温抗盐性能和较好的封堵性能。矿场试验表明,调剖后平均注水压力明显提高,吸水剖面改善明显,单井初期日增油 9.4t,阶段累计增油 0.27×10⁴t,水驱动用程度提高 2.3 个百分点。该类深部调剖技术的成功应用对同类型油藏稳油控水具有重要意义。

关键词:深部调剖;高黏弹性凝胶;大孔道

　　柳 160-1 断块位于柳赞油田中部区域,是一个相对封闭的单背斜构造。开发层位为沙河街组,地层温度为 85~90℃,地层原始孔隙度为 20.8%,平均渗透率为 112mD,地层水矿化度为 2970mg/L。注水开发以来,油藏由于受纵向储层非均质性的影响,注入水沿高渗透条带或大孔道窜流严重[1,2],导致注水效率低,油井含水上升速度快。断块综合含水为 96.3%,地质储量采油速度为 0.26%,采出程度为 26.2%,生产特点表现为高产液、高含水、低产油的"两高一低"特点。

　　针对柳 160-1 断块开展了剩余油分布规律研究,确定了剩余油富集部位;开展了抗高温高黏弹性凝胶调剖剂调堵体系优选和现场试验,取得了较好的增油效果。

1　开发现状

　　至项目研究前(2018 年 5 月),该断块采油井总井数 5 口,其中开井 4 口,日产液 156.6m³,日产油 6.2t,综合含水 96.3%;水井总井数 5 口,其中开井 4 口,日注水 265m³,地质储量采油速度 0.26%,采出程度 26.2%,累计注采比 0.94。断块井网控制程度 96.2%,水驱控制程度 80.5%,水驱动用程度 40.0%,生产特点表现为高产液、高含水、低产油的特点,生产形势极为严峻。

2　存在问题

　　经过三十多年的注水开发,目前柳 160-1 断块已进入高—特高含水、高采出程度的开发阶段。油藏普遍存在流线固定,平面、纵向驱替不均衡,弱驱部位的剩余油难以有效动用的问题,主要表现在以下两个方面:

　　(1)长期注水开发,已形成优势渗流通道,无效注水循环严重;储层非均质性强,随着长期注水开发推进,油藏局部已形成优势渗流通道,驱替效率低,无效注水循环严重,多轮次调剖效果逐渐变差(表 1)。

　　(2)纵向上多层合采合注,层间矛盾突出,剖面动用程度低;油井平均生产井段长 82.1m,平均单井生产厚度 22.6m,平均单井生产层数 8 个,产液剖面动用比例为 40.0%,水驱动用程度较差(表 2)。

3　剩余油分布规律

　　柳 160-1 断块油藏属于复杂断块油藏,剩余油分布较为复杂,将剩余油分布类型划分为以下三类[3-5]:一是断层与微构造控制的剩余油;二是注采绕流区形成的剩余油;三是纵向非均质性动用不均形成的剩余油。

表1 柳160-1断块历年调剖效果统计表

年份	受效井号	对应调剖井	见效日期	调剖前生产情况				调剖后见效生产情况				初期日增油（t）	有效期（d）	累计增油（t）
				日产液（m³）	日产油（t）	含水（%）	动液面（m）	日产液（m³）	日产油（t）	含水（%）	动液面（m）			
2018	L116-2	L116-1	2008.08.06	20.1	11.62	42.2	1988	26.1	18.66	28.5	1622	7.04	116	1657
	L160-1		2008.06.22	45.6	21.07	53.8	1992	51.5	26.83	47.9	1993	5.76	68	1829
	L16-5	L16-15	2009.03.04	33	2.41	92.7	1882	55.4	3.43	93.8	1856	1.02	26	235
	L16-11		2008.07.21	15.47	6.76	56.3	2004	18.1	8.34	53.9	2005	1.58	135	440
	小计:4口			114.17	41.86	63.3	1967	151.1	57.26	62.1	1869	15.4	86	4161
2019	L16-5	L116-1	2009.07.10	8.53	1.45	83	2391	36.3	7.33	79.8	1866	5.88	48	356
	L16-12		2009.07.18	14.8	6.6	55.4	1709	24.5	10.61	56.7	1815	4.01	35	101
	L16-14	L16-18	2009.07.11	16.4	11.23	31.5	1630	26.9	18.37	31.7	1634	7.14	112	1052
	L16-11		2009.09.15	36	16.81	53.3	1468	26.3	21.28	19.1	1405	4.47	108	926
	小计:4口			75.7	36.1	52.3	1800	114	57.6	49.5	1680	21.5	76	2435
2020	L116-2	L16-18 L116-1	2010.04.29	109.2	10.2	90.7	1712	113.1	14.1	87.5	1907	3.98	82	533
	L16-14		2010.04.07	60	12	80	1823	62.4	18.6	70.3	2064	6.55	37	209
	L16-12		2010.03.06	4.6	0.7	84.6		23.2	10.6	54.3		9.89	79	254
	L16-5		2010.02.21	15.5	1.8	88.5	1740	16.2	4	75.2	1683	2.24	41	87
	L16-11		2010.05.05	40.3	9.1	77.4	2157	45.3	11.5	74.6	2157	2.4	142	1095
	小计:5口			229.6	33.8	85.3	1858	260.2	58.8	77.4	1953	25.06	76	2178
2021	L16-11	L116X1	2011.10.11	50.8	6.7	86.9	1678	51.2	7.9	84.5	1679	1.29	82	248
	L16-14	L16-18	2011.08.20	45.3	2.2	95.1	1723	45.5	4.5	87.2	1735	2.24	123	531
	小计:2口			96.1	8.9	90.8	1701	96.7	12.4	87.2	1707	3.53	103	779

表2 160-1断块油水井剖面动用状况统计表

分类	生产井段			剖面动用情况			
	平均生产井段长（m）	平均生产厚度（m）	平均生产层数（个）	层数比例（%）	厚度比例（%）	主产液（吸水）层比例（%）	主产液（吸水）厚度比例（%）
采油井	81.3	20.2	9	36.8	30.9	28.4	25.1
注水井	82.8	25	7	51.1	47.8	38.5	35.4
平均	82.1	22.6	8.0	35.4	40.0	24.9	29.9

3.1 断层与微构造控制的剩余油

受断层遮挡作用，被注入水驱替的原油重新聚集在滞留区众多的微构造高点，形成剩余油富集区，剩余可采储量占比为45.8%。

3.2 注采绕流区形成的剩余油

由于储层主要发育为主河道、河漫滩、河道间薄差层，在河道砂主体内部、外部，通常有大量溢岸相薄砂体分布，在主河道内形成低渗透条带，这类剩余油水驱未波及或波及程度低，成为剩余油富集区，剩余可采储量占比为35.3%（图1）。

3.3 纵向非均质性动用不均形成的剩余油

纵向上多层合采，受储层非均质性影响，导致注水开发过程中，出现单层突进和层间干扰现象。均质性好、物性好的层见水期短，水淹程度高；剩余油主要集中分布于非均质性强、物性差的油层内，剩余可采储量占比18.9%。

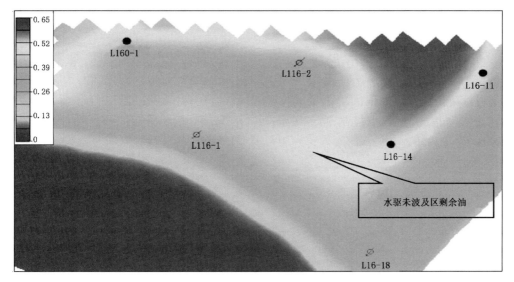

图 1   柳 160-1 断块 O(2)5 小层剩余油饱和度图

4   调驱体系应用

高黏弹性调堵剂的优点:成胶后强度高、耐温性好、弹韧性强、耐温高,解决了有机聚合物类调堵剂耐温性差、强度低、封堵效果差的问题,可持续有效动用注采绕流区剩余油,提高水驱波及面积。

4.1   主要技术特点

(1)常温下不成胶,有一定黏度;高温下成胶时间可调。

(2)具有特殊黏弹性,拉长 2m 不断裂,低浓度体系成膜性好。

(3)强度可调,黏滞力强,能固沙。

(4)具有注入选择性,驻留性好,堵高渗不堵低渗。

(5)封堵强度高:高渗透岩心封堵承压 20MPa,稳压 6 小时不渗不漏。超高渗透地层无渗漏,每米可承压 4.1MPa 以上。

(6)具有对气体材料的包裹性,可做气体材料的地层转向剂。

(7)热稳定性能好:150℃ 热稳定 270 天以上,165℃ 热稳定 90 天,120℃ 热稳定大于 500 天。

4.2   体系性能评价

(1)体系黏度。

高黏弹性凝胶的初始黏度主要受体系浓度控制,不同浓度的凝胶体系初始黏度曲线如图 2 所示,150℃ 养护成胶后的黏度曲线如图 3 所示。随着高黏弹性凝胶浓度由 0.7% 上升至 2.8%,凝胶体系黏度自 76mPa·s 升至 1650mPa·s,为易流动黏液;150℃ 养护成胶后黏度范围为 985.7～16260mPa·s(图 3),具有优异的黏弹性模量,表观形式为高黏弹性半固态凝胶体,具有优异的延展性。

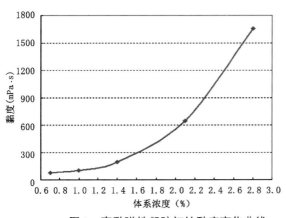

图 2   高黏弹性凝胶初始黏度变化曲线

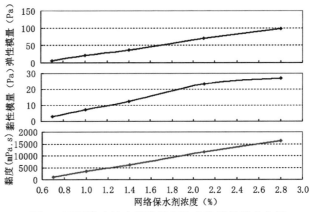

图 3   不同浓度的高黏弹性凝胶成胶后的黏度曲线

（2）成胶时间。

考察了体系在 65～150℃ 范围的成胶时间,结果如图4所示。随温度升高,体系成胶时间缩短。在没有成胶控制剂的情况下,成胶时间为 286min 至 192h。在 120℃ 以上温度条件下,成胶时间变化较小。成胶控制剂可以调整体系成胶时间。Ⅰ 型成胶控制剂可以加速成胶过程,Ⅱ 型成胶控制剂可以延迟成胶时间,在 120℃ 条件下,可控制体系在 0.5～

14.5h 范围内成胶,如图5所示。

（3）体系热稳定性。

在 120℃ 、150℃ 和 165℃ 条件下,浓度为 2.8% 的高黏弹性凝胶的热稳定性,如图6所示。在 120℃ 和 150℃ 条件下,恒温养护 270 天,体系黏度保持恒定,没有降低趋势;在 165℃ 条件下,恒温养护 90 天,体系黏度开始下降,体系逐渐失效。说明高黏弹性凝胶热稳定性能优异。

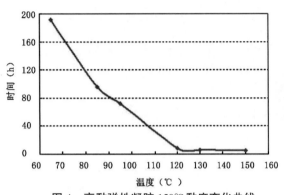

图4　高黏弹性凝胶150℃黏度变化曲线

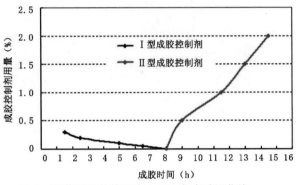

图5　调节剂调整体系在120℃成胶时间曲线

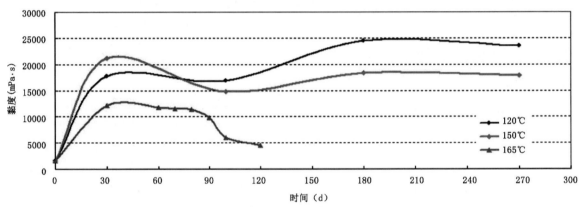

图6　高黏弹性凝胶热稳定性

4.3　物理模拟研究

为了考察高黏弹性凝胶在油田高渗透或超高渗透油藏的调堵适应性,以及与油田现场在用的 3 种凝胶体系的性能对比,开展了 17 组岩心流动实验,高黏弹性凝胶使用浓度为 2%。

（1）高渗封堵。

选择岩心长 120cm、内径 5cm、渗透率为 3.9～4.1D 的 7 组岩心,分别注入 0.1～0.4PV 浓度为 2% 的高黏弹性凝胶,150℃ 恒温养护 48h,进行后续水驱测试封堵率,水驱压力如图7所示。高黏弹性凝胶用量 0.3PV 时,水驱压力恒压 20MPa,岩心不渗不漏,即当高黏弹性凝胶在高渗透条带连续封堵长度大于 36cm(0.3PV 凝胶在岩心中形成的胶塞长度)时,可实现对渗透率为 4D 的地层进行有效封堵。

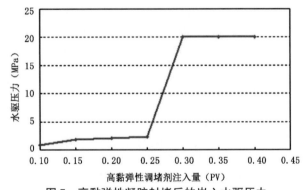

图7　高黏弹性凝胶封堵后的岩心水驱压力

（2）超高渗封堵。

选择 1～6 目沙砾模拟孔洞裂缝型超高渗透地层进行模拟封堵实验。封堵体系充满砂体(1PV),120～150℃ 养护成胶后,室温打开砂管一端,使充满胶体的砂体裸露外面,另一端注水打压,查看 4 种体系形成的封堵胶塞在不渗、不漏、不移动的状态下的稳定承压能力,结果见表 3。高黏弹性凝胶注水压力稳定承压 2.5MPa,计算得出每米可承压 4.1MPa 以上,承压能力是其他现场在用体系的 7.5 倍以上,同时适用温度也高于其他体系 20℃以上。分析认为,高黏弹性凝胶的突出承压能力得益于其优良的高黏弹性,即表现出的固沙能力强,黏壁性强等特点。

（3）选择封堵性。

选择渗透率为 2123.14mD、482.53mD 和 96.51mD 三根岩心并列测试高黏弹性凝胶的选择封堵性。注入方式为气驱恒压 5MPa,当第一个岩心出口流出凝胶材料时,停止注入。实验结果见表 4。

堵剂主要以塞式均匀推进方式进入 1#、2#高渗透岩心,保证了封堵率在 99.8%以上;3#低渗透岩心堵剂进入量 0.03~0.05PV,占堵剂总用量的 3.3%以下,堵率为 22.5%。

说明:堵剂在同一压力驱动下,会优先进入较高渗透率的岩层,选择封堵高渗透层,对低渗透层伤害低。

表 3　高黏弹性凝胶与其他凝胶承压能力测试数据对比表

配　方	砂管	承压（MPa）	温度（℃）
2% 高黏弹性凝胶	ϕ50mm /600mm、填砂 1~6 目	2.5	150
2% BJ 凝胶体	ϕ50mm /600mm、填砂 1~6 目	0.33	130
2% SW 凝胶体	ϕ50mm /600mm、填砂 1~6 目	0.07	120
2% WT 型延迟膨胀剂	ϕ50mm /600mm、填砂 1~6 目	0.33	120

表 4　选择封堵性实验结果

编号	长（mm）	内径（mm）	空隙体积（mL）	孔隙度（%）	水驱速度（mL/min）	水驱压力（MPa）	渗透率（mD）	150℃养护48h后,水驱稳定压力（MPa）	堵剂分布（PV）	封堵率（%）
1#	200	40	86	34.24	2	0.0025	2123.1	20	1.0	100
2#	200	40	81.5	32.44	2	0.011	482.53	7.2	0.45	99.85
3#	200	40	74.8	29.78	2	0.055	96.51	0.071	0.03~0.05	22.5

5　结果与讨论

5.1　注水剖面效果评价

在柳 160-1 断块深部调驱注入井 3 口,调剖后平均注水压力明显提高,吸水剖面改善明显,注入压力从 15.3MPa 上升到 23.7MPa,吸水指数由 6.1m³/MPa 下降到 3.9m³/MPa,平均单井吸水厚度由 8.1m 增加至 12.8m（表 5）。

表 5　柳 160-1 断块深部调驱注入井效果表

井号	有效厚度（m）	吸水层数（个）		吸水厚度（m）		注入压力（MPa）		吸水指数（m³/MPa）	
		调剖前	调剖后	调剖前	调剖后	调剖前	调剖后	调剖前	调剖后
L116X1	35	2	5	5.2	12.8	17.6	26.6	5.1	3.4
L116X2	23.6	2	4	7.4	13.8	13	21.2	7.2	4.4
L16-18	30	2	2	11.8	11.8	15.2	23.3	5.9	3.9
平均	29.5	2.0	3.7	8.1	12.8	15.3	23.7	6.1	3.9

5.2　增油效果评价

通过实施深部调驱,油井见效 3 井次,平均动液面下降 1417m,生产压差放大 14.0MPa,综合含水率下降 2.5 个百分点,单井初期日增油 9.4t,阶段累计增油 2756t（表 6）。

5.3　断块开发指标评价

柳 160-1 断块通过实施注采两端协同治理,水驱开发效果显著,动用程度提高 2.3 个百分点,多向见效比例提升 1.3%,放大生产压差 8.5MPa,提高波及系数 0.06 个百分点（表 7）。

表6 柳160-1断块深部调驱单井增油效果表

| 井号 | 调驱前生产情况 | | | | 调驱前生产情况 | | | | 初期日增油（t） | 阶段累计增油（t） | 预计全生命周期增油（t） | 新增动用储量（10⁴t） |
	日产液（t）	日产油（t）	含水（%）	动液面（m）	日产液（t）	日产油（t）	含水（%）	动液面（m）				
L160X1	35.1	0.35	99	-1	123	3.44	97.2	1710	3.1	601	1800	1.9
L16-11	49.1	1.47	97	510	91.4	5.21	94.3	1774	3.7	1047	2500	2.8
L16-14	55.5	1.5	97.3	675	42.2	4.02	90.5	1953	2.5	1108	3000	3.5
合计	139.7	3.32	97.6	395	256.6	12.67	95.1	1812	9.4	2756	7300	8.2

表7 柳160-1断块深部调驱效果评价表

项目	调驱前	调驱后	对比
水驱控制程度（%）	82.3	82.3	0
水驱动用程度（%）	48.9	51.2	2.3
动液面（m）	770	1837	1067
生产压差（MPa）	6.3	14.8	8.5
泵挂深度（m）	1200	2299	1099
吸水层数（层）/厚度比例（%）	53.2/50.3	54.4/51.6	1.2/1.3
产液层数（层）/厚度比例（%）	43.8/40.5	45.2/42.6	1.4/2.1
采液速度（%）	10.5	19.5	9.0
采油速度（%）	0.1	0.7	0.6
波及系数（%）	0.42	0.48	0.06

6 结论与认识

（1）高黏弹性凝胶成胶后呈半固态高强度凝胶，具有延展性好，在65～165℃温度下热稳定性好，保证了体系的广泛适用性和封堵长期有效性。

（2）高黏弹性凝胶在注入岩粒的过程中具有选择性，推进方式为"活塞"式推进，成胶后具有固沙作用，对高孔高渗透型油藏，封堵胶塞每米承压4.1MPa以上，具有良好的封堵性。

（3）现场试验应用中对高渗透层封堵效果好，可以有效提高地层渗流剖面，对应油井降水增油效果显著，能较好的实现调剖堵水目的。

参 考 文 献

[1] 张奇斌,李进旺,王晓冬,等.水驱油藏大孔道综合识别[M].北京:石油工业出版社,2009.

[2] 于九政,刘易非,唐长久.对储集层大孔道识别方法的再认识与构想[J].油气地质与采收率,2009,16(3):34-37.

[3] 武毅,司勇.常规注水开发稠油油藏剩余油分布研究及应用[J].吐哈油气,2003,8(1):22.

[4] 刘斌.曙光油田二区剩余油分布特征研究[J].断块油气藏,1995,2(4):22-27.

[5] 杜庆龙,朱丽红.喇萨杏油田特高含水期剩余油分布及描述技术[J].大庆石油地质与开发,2009(5):188.

第一作者简介 李迎辉(1985—),工程师,2007年毕业于长江大学资源勘查专业;现在主要从事油藏动态分析工作。

（收稿日期:2020-11-27 本文编辑:净新苗）

低压耗钻井液配方优选及性能评价

沈园园　　李祥银　　王在明　　孙五苓

（中国石油冀东油田公司钻采工艺研究院 河北　唐山　063004）

摘　要：针对冀东油田小井眼侧钻井面临的环空间隙小、钻井泵压高等技术难题，在甲酸盐钻井液的基础上，综合各种单因素的影响，优选出一套适用于冀东油田小井眼侧钻井的低压耗钻井液体系，并对其综合性能进行了系统评价。该钻井液由甲酸盐基液、减阻剂、降滤失剂、润滑剂等组成，具有流变性能好，高温高压失水低，抑制性能强等特点，抗高温 120℃，泥页岩线性膨胀率仅 6.8%，泥岩钻屑滚动回收率高达 97.24%。循环压耗模拟实验表明：相同排量下该体系的循环压耗较聚合物钻井液和钾盐钻井液同比分别减小 10.52% 和 15%，具有较好的低摩阻性能，在实际钻探过程中能有效降低循环当量密度，减小压持效应，降低压耗，有利于机械钻速的提高。

关键词：循环压耗；低压耗钻井液；性能评价；低摩阻

近年来，随着勘探开发的深入，冀东油田因套损、高含水、低产及复杂事故而报废的井、关停井逐年增加，侧钻技术成为油田老井治理的重要手段。冀东油田主力油层主要采用 ϕ139.7mm 套管作为油层套管，这意味着大部分侧钻井为小井眼开窗侧钻；而小井眼、高泵压增加了施工难度，制约了侧钻井眼延伸长度，影响了侧钻井的开发效益[1-8]。为提高侧钻井延伸极限，节约开发成本，人们从降低循环压耗、优化井身质量及提高设备功率等方面开展了大量研究[9-14]。而使用优质钻井液是降低循环压耗、提高延伸能力的主要途径[15-18]。本文从减少循环压耗，降低泵压方面着手，开展了低压耗钻井液技术研究。

1　低压耗钻井液的研制

根据流体力学基本原理可知，一种流体流经圆管产生的压耗计算公式如下：

$$\Delta p = \frac{2f\rho l v}{d} \tag{1}$$

式中　Δp——圆管内压耗，Pa；

f——流体与圆管间摩擦系数；

ρ——流体密度，kg/cm^3；

l——圆管长度，m；

v——流体流动速度，m/s；

d——圆管的内径，m。

由式（1）可知，通过改变流体性能可有效的降低循环压耗。

1.1　基浆

一般钻井液体系中含有的固相会增加流体的黏度和切力，从而使钻井液流动阻力增大，因此选用甲酸盐溶液为基浆提高钻井液密度，以减少体系中的固相含量。根据冀东油田储层特点和安全钻井的需要，确定甲酸盐含量为 30%。基浆的基本性能见表 1。

表 1　甲酸盐基浆基本性能

配方	密度（g/cm^3）	Φ_{600}	Φ_{300}	pH 值
自来水+30%甲酸盐	1.15	11	6	9

1.2　降滤失剂

在进行降滤失剂的评价和优选时，为形成薄泥饼，降低滤失量，会在基浆中加入 8% 超细碳酸钙，在此基础上考察不同种类和加量的降滤失剂对体系滤失量的影响。

从表 2 可以看出降滤失剂 SHR 单独使用时，无法有效降低钻井液的滤失量,但和 DWF 复配使用能控制 API 失水量小于 5mL,120℃高温高压滤失量小于 15mL,拥有较好的滤失效果。考虑到成本因素,最终确定降滤失剂的加量为 2%SHR+2%DWF。

表2 降滤失剂的优选

序号	降滤失剂和加量	实验条件	AV (mPa·s)	PV (mPa·s)	YP (Pa)	Φ_{600}/Φ_{300}	FL_{AP} (mL)	FL_{HTHP} (mL)
1	3%SHR	滚前	50	34	16	9/5	20	
		滚后	42	29	13	6/4		16
2	5%SHR	滚前	50	27	23	9/6	12	
		滚后	55.5	39	16.5	8/5		7
3	2%SHR+2%DWF	滚前	26.5	20	6.5	3/2	5.2	
		滚后	36.5	29	7.5	5/4		12
4	2%SHR+3%DWF	滚前	32.5	24	8.5	4/2	5	
		滚后	47	35	12	5/4		11
5	3%SHR+2%DWF	滚前	31.5	23	8.5	4/2	5.1	
		滚后	47.5	34	13.5	6/4		9
6	3%SHR+3%DWF	滚前	34	23	11	6/5	4.9	
		滚后	41	29	12	7/5		10

1.3 降滤失剂

小井眼钻井由于环空间隙小,循环阻力大,对钻井液的润滑性能提出了更高的要求。采用 E-P 极压润滑仪测定不同润滑剂对钻井液体系润滑性能的影响。从表3 可以看出,两种润滑剂的复配使用在钻井液体系中具有较好的润滑效果。加入 2%JLX+2%THC,润滑系数降低 78.1%,润滑性得到了较大的改善,能够满足小井眼钻井需要。

1.4 减阻剂

自 1948 年 Toms 发现聚合物湍流减阻效应以来,聚合物作为流体流型改进剂,已经有了广泛的工业化应用。优选高分子量的柔性线型聚合物 JZ-1 作为减阻剂来减少钻井液的湍流摩阻损失,并通过流性指数和稠度系数两个参数进行性能评价。从表4 可以看出,随着减阻剂的加入钻井液流性指数有所升高,但表示钻井液可泵性的稠度系数大幅降低,综合考虑携岩和流动性,减阻剂加量确定为 0.2%。

1.5 配方

通过以上降滤失剂、润滑剂以及减阻剂等主剂的评价优选,最终确定体系的基本配方为:自来水+30%甲酸盐+2%SHR+2%DWF+2%JLX+2%THC+0.2%JZ-1+8%超细碳酸钙。其基本性能见表5(热滚条件为 120℃下热滚 16h,高温高压失水条件为 120℃×4.2MPa)。

表3 润滑剂的优选

序号	润滑剂和加量	润滑系数	降低率(%)
1	0	0.32	
2	2%JLX	0.17	46.9
3	2%THC	0.12	62.5
4	2%JLX+2%THC	0.07	78.1

表4 减阻剂的优选

序号	减阻剂和加量	n	$k(Pa·s^n)$
1	0	0.58	0.78
2	0.1%JZ-1	0.57	0.69
3	0.2%JZ-1	0.63	0.39
4	0.3%JZ-1	0.68	0.24

表 5　低压耗钻井液基本性能

密度(g/cm³)	实验条件	AV(mPa·s)	PV(mPa·s)	YP(Pa)	Φ_{600}/Φ_{300}	FL_{API}(mL)	FL_{HTHP}(mL)
1.22	滚前	27.5	19	7.5	5/4	4	
	滚后	34.5	24	10.5	6/5		10

2　低压耗钻井液体系性能评价

2.1　抑制性实验

通过滚动回收实验和泥岩膨胀实验对体系的抑制性能进行了室内评价,并与钾盐钻井液和聚合物钻井液进行了对比。3 种钻井液各取 350mL,分别加入过 6 目不过 10 目的岩样 50g,在 80℃下热滚 16h,40 目筛过热滚后的岩样、烘干、称重,然后计算回收率,结果和对比情况见表 6。低压耗钻井液具有较高的回收率达 97.24%,而且优于聚合物钻井液和钾盐钻井液,说明该体系具有较好的抑制性,能有效抑制泥岩的水化膨胀。

同时,使用高温动态线性页岩膨胀仪进行了岩心膨胀实验,结果见表 7。低压耗钻井液体系的岩心膨胀率 16h 后达到 6.8%,24h 后达到 8.2%,抑制性能好,且明显优于其他两种体系。

表 6　滚动回收率试验结果

不同体系	岩样重(g)	回收岩样(g)	滚动回收率(%)
清水	50	10.96	21.9
聚合物钻井液	50	42.80	85.6
钾盐钻井液	50	46.25	92.5
低压耗钻井液	50	48.62	97.24

表 7　岩心膨胀率试验结果

不同体系	膨胀高度(mm)			岩心膨胀率(%)	
	初始	16h 后	24h 后	16h	24h
清水	12.10	18.46	21.57	52.6	78.3
聚合物钻井液	12.20	14.82	15.54	21.5	27.4
钾盐钻井液	12.06	13.26	13.93	11.6	15.5
低压耗钻井液	12.13	12.95	13.12	6.8	8.2

2.2　循环压耗实验

采用钻井液循环压耗测量装置对清水、聚合物钻井液体系、钾盐钻井液体系和低压耗钻井液体系等 4 种液体进行循环压耗模拟实验,对比不同体系在相同排量下的循环压耗。钻井液循环压耗测量装置原理图如图 1 所示,该装置由钻井液池、离心泵、涡轮流量计以及测试管线形成循环管路系统。测试管线由外循环管线和内部模拟钻柱组成。外循环管线是有机玻璃管,外径 110mm,内径 100mm,总长 19m;内部模拟钻柱为不锈钢管,外径 63mm,内径 60mm,总长 9m。采用涡轮流量传感器测定流体流量,压差变送器测量压差。

清水和不同钻井液体系在循环管路系统中的压降随排量的变化关系如图 2 所示。随着排量的增大,

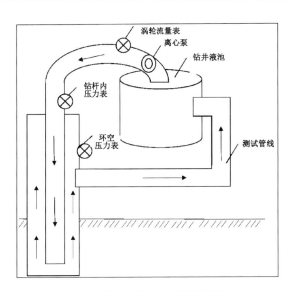

图 1　钻井液循环压耗测量装置

清水和钻井液的循环压耗均在增大,并且在同一排量下,低压耗钻井液的循环压耗只是稍大于清水,较

聚合物钻井液和钾盐钻井液同比分别减小10.52%和15%。

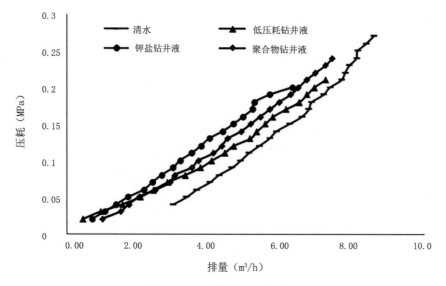

图2　不同流体循环压耗对比图

4　结论

(1)确定了低压耗钻井液体系的配方为:自来水+30%甲酸盐+2%SHR+2%DWF+2%JLX+2%THC+0.2%JZ-1+8%超细碳酸钙。常规性能测试表明:该钻井液体系黏度适中,流变性能好,高温高压失水低,抑制性能远远好于常用的聚合物钻井液和钾盐钻井液。

(2)相同排量下该体系的循环压耗较聚合物钻井液和钾盐钻井液同比分别减小10.52%和15%,具有较好的低摩阻性能,在实际钻探过程中能有效降低循环当量密度,减小压持效应,有利于机械钻速的提高。

参 考 文 献

[1]　沈园园,朱宽亮,王在明,等.南堡潜山油气藏小井眼开窗侧钻技术[J].石油钻采工艺,2016,38(5):573-576.

[2]　高立军,王广新,郭福祥,等.大庆油田小井眼开窗侧钻水平井钻井技术[J].断块油气田,2008(4):94-96.

[3]　王兴武.小井眼长裸眼侧钻水平井钻井实践[J].钻采工艺,2010,33(3):29-31,35,141.

[4]　胡高群,付锐,秦光辉,等.胜坨油田小井眼钻井技术应用分析[J].长江大学学报:自然科学版,2014,11(13):75-77.

[5]　董来明,李根奎,袁小明,等.S114-2cx深井套管开窗侧钻作业难点及所采取的主要技术措施[J].中国海上油气,2010,22

(6):403-405.

[6]　许孝顺.TP2CX超深开窗侧钻中短半径水平井钻井技术[J].石油钻探技术,2012,40(3):126-130.

[7]　史学东,吴修国,刘俊方.短半径水平井侧钻技术在沙特HRDH-128井的应用[J].断块油气田,2011,18(5):672-674.

[8]　王勇,高俊奎.超深难钻地层小井眼侧钻技术[J].钻井液与完井液,2011,28(S1):30-33,84.

[9]　李亚南,于占森,晁文学,等.顺北评2H超深小井眼侧钻水平井技术[J].石油钻采工艺,2018,40(2):169-173.

[10]　刘美玲,朱健军,李杉,等.小井眼钻井提速技术在徐深气田的试验与分析[J].石油钻采工艺,2016,38(4):438-441.

[11]　黄占盈,周文军,欧阳勇,等.φ88.9mm小套管钻完井技术在苏里格气田的应用[J].石油天然气学报,2014,36(2):96-100,7-8.

[12]　史杰青,刘贤文,马金山,等.非API钻具在小井眼水平井中的应用[J].石油钻采工艺,2014,36(4):120-122.

[13]　王建龙,张雯琼,于志强,等.侧钻水平井水平段延伸长度预测及应用研究[J].石油机械,2016,44(3):26-29.

[14]　隗敏.小井眼循环压耗精确计算方法研究及应用[J].石油矿场机械,2017,46(1):71-75.

[15]　Jianhong Fu, Yun Yang, Ping Chen, et. Characteristics of helical flow in slim holes and calculation of hydraulics for ultra-deep wells. Petroleum Science, 2010, 7 (2):226-231.

[16]　孙金声,杨宇平,安树明,等.提高机械钻速的钻井液理论与技术研究[J].钻井液与完井液,2009,26(2):1-6+129.

[17]　孙建华,蓝强,史禹,等.丰深1-斜1井高密度小井眼钻井液技术[J].钻井液与完井液,2008,25(4):39-42.

[18]　张新发,周保国,刘金利,等.高温小井眼长水平段钻井液技术[J].钻井液与完井液,2012,29(4):84-86.

[19]　陈涛,乔东宇,郑义平.塔河油田小井眼侧钻水平井钻井液技术[J].钻井液与完井液,2011,28(4):44-46.

第一作者简介　　沈园园(1984—),女,高级工程师,2008 年毕业于昆明理工大学控制工程与控制理论专业;现从事钻井规划及相关科研工作

(收稿日期:2021-1-20　　本文编辑:净新苗)

油井带压作业预置工作筒技术

王健

（中国石油冀东油田公司陆上油田作业区，河北 唐海 063299）

摘　要：针对油田高压油井作业前放压时间长、压井作业伤害油层、带压作业工艺复杂、施工周期长、施工成本高等问题，研制了预先下入井内的油井带压作业预置工作筒技术，通过程序设定、打压或机械控制工具的开关，进而实现对井筒和地层压力的控制。一是封闭套管压力技术，采用开关器和封隔器配套，利用程序设定或地面泵车打压控制工具的开关。二是封闭油管压力技术，采用开关器与抽油泵配套，利用碰泵或顶杆控制工具的开关。通过试验，丰富了油井带压作业的配套工具和作业方法，实现油井带压作业，达到保护油层的目的。

关键词：带压作业；预置工作筒；开关器

带压作业也称不压井带压作业[1,2]，主要用于油、水井不放喷、不压井在带压情况下进行管柱的起、下作业，实现了安全生产和清洁环保施工，最大限度的保持油气层原始状态，避免伤害油层。

目前带压作业主要是通过带压设备实施[3]，存在工艺复杂、施工周期长、施工成本高等缺点。另外，油井生产管柱中的抽油杆、扶正器、配套工具等都具有长度、形状不规则的特点，给常规带压作业操作带来很多困难。随着油田的发展油井带压作业必将进一步普及，因此需要研制一种预先下入井内的工具或工作筒，通过打压或机械方式控制井筒与地层的压力，进而使油井带压作业更简单、更快捷和低成本。

1　油井带压作业预置工作筒技术介绍

油井带压作业预置工作筒技术[4]是利用工具封闭地层压力从而实现油井带压作业，封闭地层压力主要分为封闭套管压力技术和封闭油管压力技术两种方法（表1）。

封闭套管压力技术：封隔器与开关器配套，通过带压作业将工具下入井内，封隔器座封后将井筒与地层压力隔绝，利用程序定时或地面泵车打压来控制开关器的开启或关闭，进而实现压力控制。该方法可实现带压起、下管柱和抽油杆。

封闭油管压力技术：开关器与抽油泵配套，工具连接在泵筒下部，通过带压作业将关闭状态的工具下入井内，实现油管与套管压力的隔绝，再通过地面

上提、下放光杆插接或碰泵控制工具的开启或关闭。该方法可实现带压起、下抽油杆。

表1　油井带压作业预置工作筒方法

方式	工具名称	原理
封闭套管	智能开关	程序设定
	找堵水顺序开关	打压式
	液控防污染带压工具	
封闭油管	管式抽油泵—机械控制阀	碰泵式
	杆式抽油泵—免压井作业	顶杆式

适用条件：（1）套管内径：$\phi 121 \sim 124$mm。套管完好，无漏点、无变形，便于封隔器座封和打压施工。（2）油井无严重出砂、结垢、结蜡。（3）日产气量小于500m^3。避免气体影响工具密封效果。另外气体可压缩性较强，无法保证井筒内迅速起压，影响工具的开、关。（4）套压小于20MPa。（5）工作温度小于125℃。（6）换向压差10～15MPa。（7）工作压力为35MPa。

2　油井带压作业预置工作筒技术研究

2.1　封闭套管压力技术

2.1.1　智能开关器技术

智能开关器[5]（图1）主要由高能电池、压力传感器、电机等组成。通过电机旋转经丝杠将旋转运动变为直线运动，驱动柱塞推杆作往复运动，后带动阀体来打开、关闭阀门。

智能开关器在地面设定开、关时间,采用带压作业动力将处于关闭状态的管柱串(封隔器+智能开关器)下入井内。封隔器打压坐封、丢手后留井,实现井筒与地层压力隔绝。再更换为常规动力下抽油泵、油管、抽油杆完井,待到设定时间开关器自动打开,连通井筒与地层从而实现生产作业。智能开关器完井管柱示意图如图 2 所示。

如果到达设定时间开关器未能正常打开,可通过地面泵车打压特定的脉冲波形打开或关闭,确保对开关器的控制。

优点:(1)通过程序设定和打压方式能够控制开关器的开关,实现油井带压作业;(2)封闭地层压力

后换常规动力作业,解决了常规油井带压作业中因抽油杆、扶正器、配套工具等长度、形状不规则导致起、下困难的问题;(3)工具留井后可重复开、关操作。

缺点:(1)初次下入需要带压作业;(2)施工、井筒异常压力、无序信号等因素易影响工具稳定性。

试验情况及效果:G23-74 井(图 2)压裂施工后套压最高达 15MPa,利用带压作业将关闭状态的智能开关器下入井内,封隔器打压座封丢手,井口能够放压至 0,达到了常规动力下泵施工要求。完井后等待智能开关器定时开启,成功连通了井筒与地层,满足了生产与试验的需求。

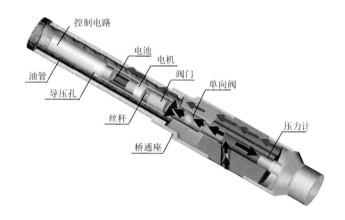

图 1　智能开关器结构示意图

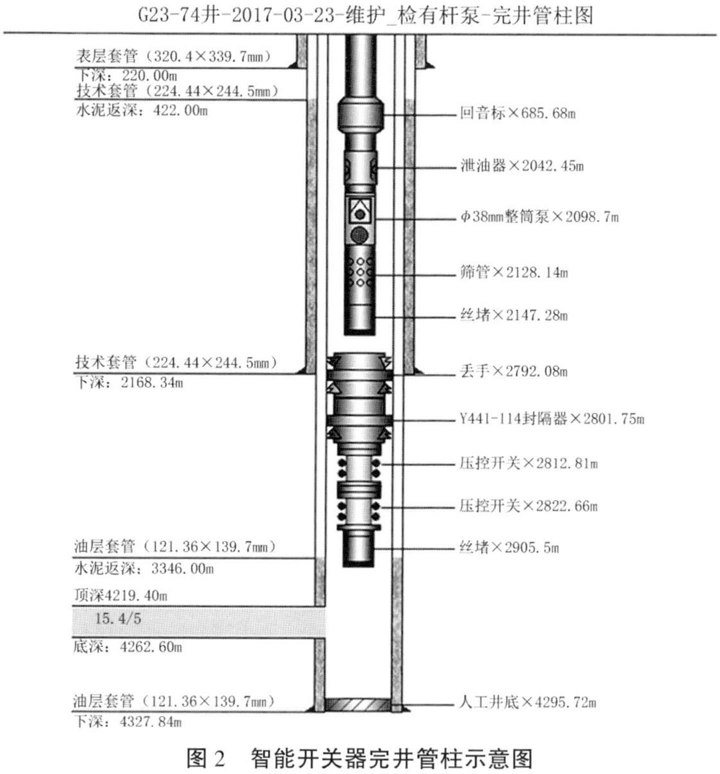

图 2　智能开关器完井管柱示意图

通过试验发现了一些问题：智能开关器易受井筒高压、施工操作、无序信号等因素的影响干扰开关器的设定程序影响开、关效果。如果设定程序动作失败，可采用地面泵车打压补偿控制。

2.1.2 找堵水顺序开关技术

找堵水顺序开关结构如图3所示。采用带压作业将关闭状态的工具串下入井内，封隔器打压坐封，上提管柱丢手后留井，实现井筒与地层的压力隔绝。再更换为常规动力下抽油泵、油管、抽油杆等完井。完井后利用地面泵车套管打压，滑套开关在压力的推动下压缩弹簧下行，换向锁定后开关开启，实现井筒与地层压力的连通，进而满足生产。关闭开关只需再次打压，在弹簧力的作用下换向机构换向复位，井筒与地层压力隔绝。找堵水顺序开关完井管柱示意图如图4所示。

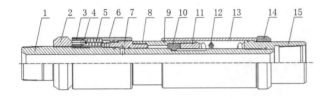

1—上中心管；2—上背帽；3—球座；4—钢球；5—弹簧；6—上缸筒；7—活塞；8—连接套；9—密封圈；10—销钉；11—固定套；12—压缩弹簧；13—下缸筒；14—下背帽；15—下接头

图3 找堵水顺序开关结构示意图

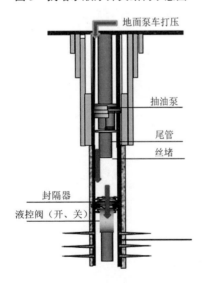

图4 找堵水顺序开关完井管柱示意图

优点：(1)通过地面泵车打压控制开关，操作简单；(2)封闭地层压力后换常规动力作业，解决了常规油井带压作业因抽油杆、扶正器、配套工具等长度、形状不规则导致起、下困难的问题；(3)工具留井后可重复开关操作。

缺点：(1)初次下入需要带压作业；(2)完井后清防蜡、作业、泵车洗井等压力变化会影响开关器的状态。

在G80-80井检泵作业过程中，采用泵车打压方式对找堵水顺序开关技术进行模拟试验：

(1)采用常规动力下入关闭状态的工具，封隔器打压座封后利用泵车对套管打压15MPa，验证封闭套管压力情况，观察油管无压力则封闭套管压力成功。

(2)油管打压开启试验。开关处于关闭状态时，利用泵车对油管打压15MPa稳压2min，调整地面流程对套管打压5MPa，验证油套是否连通，油管出液说明工具开启成功。

该技术共完成6组开关试验均成功，试验过程中工具控制简单、灵活。

2.1.3 液控防污染带压工具技术

液控防污染带压工具技术是在机械防污染管柱的结构基础上，将单流阀更换为液压控制阀。主要由换向机构、球阀密封机构、浮动单流阀机构三大部分构成。该工具具有长、短两个导轨，下端为球阀密封，通过套管打压使长、短导轨换向达到阀的开启或关闭，进而实现井筒与地层的压力控制。阀处于关闭时可采用常规动力起、下井内管柱。

在G63-20井检泵作业过程中，采用泵车打压方式对液控防污染带压工具技术进行模拟试验。

采用常规动力下入管柱[模拟管柱结构：丝堵+油管+Y221封隔器+油管+液控带压工具(关闭状态)+油管至井口]。封隔器坐封后利用地面泵车对套管打压15MPa，油管出液或漏失，试验失败。

2.2 封闭油管压力技术

2.2.1 机械控制阀技术(碰泵式)

机械控制阀(图5)技术工具与生产管柱配套，连接在管式抽油泵下部，利用抽油泵柱塞的碰泵下压来控制机械阀换向机构的换向开启或关闭阀，进而实现油管、套管间的压力控制。

优点：(1)机械碰泵方式控制阀的开关操作简单、稳定；(2)可重复开关操作。

缺点：(1)初次下入需要带压作业；(2)需考虑抽油杆、生产管柱伸缩长度。

在G80-80井检泵作业过程中，采用泵车打压方式对机械控制阀技术进行模拟试验：

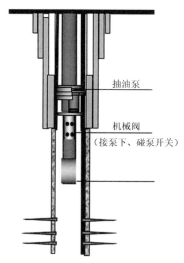

图 5　机械控制阀带压管柱示意图

（1）采用常规动力下入油管+工具（关闭状态）+ Y221 封隔器、管式抽油泵和抽油杆。封隔器作用是

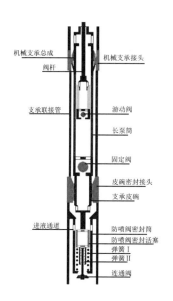

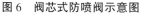

图 6　阀芯式防喷阀示意图

在 G64-35 井检泵作业过程中，采用泵车打压方式对免压井作业技术进行模拟试验。

（1）采用常规动力下入油管+工具（关闭状态）、抽油杆和杆式泵不座封。封隔器（Y221 作用避免套管打压漏失）坐封后，利用泵车套管反打压验证封闭套管效果，油管无压力显示则封闭油、套管压力成功。

（2）下放光杆打开工具：下放光杆座封杆式泵，顶杆下压打开工具。套管打压，验证油套连通。

（3）上提光杆关闭工具：上提光杆解封杆式泵，顶杆上移关闭工具。套管打压，验证油套连通。

避免试验压力漏失影响效果判断。封隔器坐封后利用地面泵车对套管打压 15MPa，油管无压力变化，试验成功。

（2）碰泵开启。上提、下放抽油杆碰泵，对套管打压 5MPa，油管压力升高，说明油套连通，试验成功。

该技术共完成 6 组开、关试验均成功，试验过程中工具控制简单、灵活。

2.2.2　免压井作业技术（顶杆式）

免压井作业技术是在杆式抽油泵支撑接头下部连接插管防喷器，利用杆式抽油泵坐封、解封过程中顶杆位置下、上移动来打开或关闭防喷器，进而实现"内"试压验证完井管柱质量，"外"封闭地层压力实现免洗压井作业。研究了 3 种类型的控制装置：阀芯式防喷阀（图 6）、滑套式防喷装置（图 7）、球阀式防喷装置（图 8）。

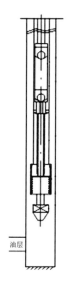

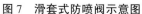

图 7　滑套式防喷阀示意图

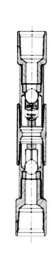

图 8　球阀式防喷阀示意图

通过现场试验，说明杆式泵配套免压井作业工具能够实现油管试压、封闭地层压力，但受泵筒长度、光杆长度、杆柱伸缩、井口等因素影响，工具开关状态控制困难，需进一步优化管柱结构。

3　结论

通过对智能开关、找堵水顺序开关、液控防污染带压工具、机械控制阀和免压井作业的试验研究，丰富了油井带压作业的配套工具和作业方法。其中，智能开关技术易受施工操作、井内压力等因素的影响,稳定性相对较低。顶杆式免压井作业技术受泵筒长度、光杆长度、杆柱伸缩、井口等因素影响,工具开关状态控制困难。而采用地面泵车打压控制的找堵水顺序开关和碰泵机械控制阀技术现场操作简单、开关控制灵活,能够实现油井带压作业,达到了保护油层的目的。

参 考 文 献

[1] 柴辛,李去鹏,刘锁建,等.国内带压作业技术及应用状况[J].石油矿场机械,2005(5):31-33.
[2] 郭永辉,于燕.国内不压井(带压)作业技术应用现状探讨[J].中外能源,2009,14(6):61-63.
[3] 冯斌,林燕.带压作业技术的理论研究及现场应用[J].中国石油和化工标准与质量,2012,32(6):79.
[4] 陈和平,申君,管斌,等.江汉油田带压作业配套井下工具研究及应用[J].江汉石油职工大学学报,2012,25(1):51-54.
[5] 王玲玲,肖国华,贾艳丽,等.高压油井免带压作业检泵技术研究与应用[J].石油机械,2018,46(3):100-105.

作者简介 王健(1982—),男,工程师,2007年毕业于天津理工大学计算机科学与技术专业,获学士学位;现从事举升工艺工作。

(收稿日期:2021-1-26 本文编辑:谢红)

人工岛场地受限区钻机改造研究
——以南堡 1-3 人工岛为例

崔海弟　王瑜　赵永光

(中国石油冀东油田公司勘探开发建设工程事业部,河北　唐山　063004)

摘　要:针对冀东油田南堡 1-3 人工岛钻井施工场地受限的问题,研究井位部署及钻机设备布局方案,通过对现有常规钻机进行适用性改造、配套平移导轨及电代油设备改造、机械钻机钻井泵电驱动改造、循环罐及高架槽改造及管汇及线缆改造,实现井组间狭窄场地钻机批钻作业、整机安全平移、循环罐和钻井泵非常规摆放等,形成了受限场地批量钻井的钻机改造配套技术。

关键词:人工岛;受限场地;井位部署;钻机改造

受限空间钻机升级改造常规方式为开发非常规底座及其配套井架的钻机,或者利用加高箱体,将钻机主体加高,但这些改造方式费用高、周期长[1-2],不利于投资控制和快速建产;对井场流程管汇和井控管汇进行了统一的标准化布置,适用于常规陆地钻机井丛排方式下增加布井数量,南堡 1-3 人工岛空间受限严重,常规钻机已无法正常就位;本次研究创新思路,从钻机及配套设备布局出发对南堡 1-3 人工岛场地受限区钻机进行改造升级,既增加了布井数量,又很好地消除了常规钻机改造的弊端。

1　概况

南堡 1-3 人工岛面积经过近 10 年的开发和地面建设,生产区域井组多、布井密。井组采注设施、控制柜、配气撬、消防设施、地下油气水集输管线、电缆等十分密集。2018 年油田计划加大产建能增加钻井数量,但岛上已无符合钻机常规布局的合适场地,若停封并拆除部分生产井采油树及管线等设施,不仅时间长、费用高,还会严重影响到人工岛采收及产能,因此需对井位部署及钻机布局改造进行分析研究,在不影响岛上产建的情况下进行密集、高效钻井施工,解决受限场地井位部署难题。

2　井位部署

南堡 1-3 人工岛井组主要在中心路南北两侧丛排布置[1],每排 5 口井(个别井组 3 口或 4 口),井间距为 4m,井组排间中心距为 21m 和 35m,井组采油树排间净距为 15m 和 28m(图 1)。经现场踏勘,根据地面、地下设备设施和井组日常修井作业空间需要,仅能在三个位置部署井位,位置 1 是在已施工井组的中心路一侧增加 1~2 口井,大约 20 井组可部署 30 口井;位置 2 是在地下条件允许的相间 35m 的井组间部署井位,为保证后期维护作业,采用井间距 8m、3~4 口井一组,大约 5 个空地可部署 20 口井;位置 3 是在南侧预留的长 100m、宽 50m 空地,在该空地部署 2 个并行井组,为加快投产,每个井组分两端布井,一端钻井施工后进行试油作业和投产,钻机移至另一端进行施工,两个井组预计施工 30 口井。

位置 1 的施工特点是钻机需跨已施工井采油树进行安装及施工,存在以下难点:采油树高2.4~2.7m,相互制约,钻井过程中影响临近采油井清蜡及修井作业;采油树未拆除时宽 5.25m,其输油管线一侧为 3.7m,而普通钻机底座开档单边 3~3.5m,影响钻机底座摆放到位。位置 2 和位置 3 的共同特点是场地狭窄,难点是钻机无法按常规布局,主机、动力设备、循环固控设备等均不能正常摆放。

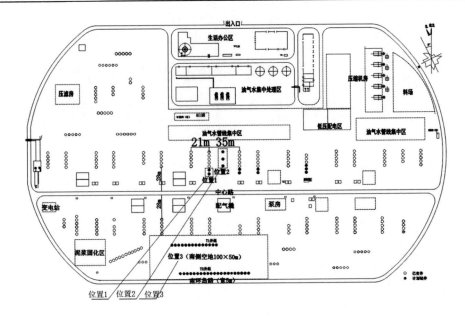

图1 冀东南堡1-3人工岛平面布局图

3 钻机改造研究

3.1 跨采油树施工

(1)针对位置1地面空间特点开发宽开档、高净空的非常规底座及其配套井架的钻机[2],配套动力设备及线缆、固控设备、平移装置等辅助设施,直接进行跨采油树安装施工。优点是现场适应性好,缺点是周期长、投资费用高。

(2)制作加高箱体改造现有钻机,将主机整体加高3m(高于采油树)、动力/电气设备远距离摆放,配套井架安装拆卸加高型高低支架、操作平台、高位猫道、轨道平移装置、线缆转接装置,改造循环系统布局、钻井液导流槽、高压管汇,配套钻机节流压井管汇、液气分离器平台,改造大门坡道、梯子等辅助设施及油气水管路。该方法优点是不改变常规钻机主机结构,停用后易于恢复原状;缺点是加高平台等设施成本高,井架底座高位安装及施工过程中的磕碰采油树造成油气泄漏失控风险大。

3.2 狭窄场地施工

钻机主机结构不变,增加平移轨道和液压平移装置,改造循环罐布局结构减少横向总体尺寸,动力网电驱动改造[3]简化设备数量,对于机械钻机进行钻井泵电驱动改造,解除钻井泵必须与主机移动的弊端,增加线缆转接装置(线缆转接加长60m)、分段式钻井液高架导流槽和高压管线,使循环罐可相对主机进行侧置、后置或垂直主机摆放。改造后钻机横向设备占用宽度不超过22m(减少18m以上),机房电控设备、循环罐、钻井泵等原地不动,主机纵向平移施工;循环罐、机房设备置于主机后方时可批钻施工15口井(井距4m);循环罐、机房侧面垂直方向布局可批钻施工24口。优点是改造工作量小,易于现场实施,钻机固控设备等布局灵活;不足是无法实施跨采油树施工,适用于位置2和位置3钻井。

4 现场应用

根据油田快上钻、少投资开发需要,选择简单易行的狭窄场地改造方案,将现有的1部ZJ50DB电动钻机和1部ZJ50JD机械钻机进行改造配套[4]并先后在岛上位置3的50m宽狭窄空地进行投产试验(图2)。该位置正常情况下仅能容下1部钻机施工一排井,改造后可容下2部钻机同时施工。

两部钻机对向布局、网电驱动、共用固化道路,循环罐、钻井泵、电控房原地不动,主机向前平移施工,在宽度55m(占用宽度5m的环岛路)区域实现两部钻机同时批量钻井22口。其中ZJ50DB钻机2017年12月实施现场改造,2018年1月起14个月批钻施工13口井,平均井深3100m;ZJ50JD钻机2018年4月实施现场改造,5月起10个月批钻施工8口井,平均井深3400m,改造后钻机满足一开、二开及三开分批次工厂化钻井[5]、快速平移快速开钻、节约钻液转型消耗及排放处理量,取得较好的应用效果,验 证了钻机改造在受限场地的适用性。

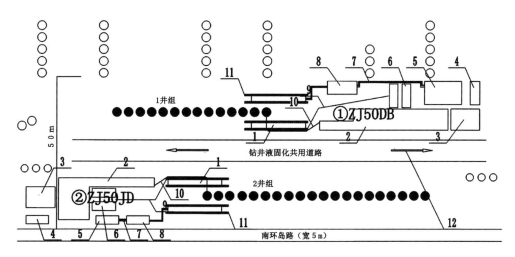

图 2 ZJ50DB 钻机改造后钻机布局示意图

1—主机部分;2—循环罐;3—加重部分;4—网电箱变;5—电控设备;6—钻井泵;

7—加长线缆;8—电缆转接装置;9—加长高压管线;10—加长高架循环槽;11—平移导轨

5 结论

在已开发油区的狭窄场地进行钻井施工作业,在投资少、安全性能高、满足井位要求的基础上对钻机进行改造,应优选钻机主机结构不变,改变常规配套设备布局的方式进行。

对机械钻机进行钻井泵电驱动改造是钻机及配套设备常规布局改变的前提,对配套设备位置进行优化、增加主机平移装置是钻机升级改造完成受限空间快速钻井的核心。

参 考 文 献

[1] 李贤旭,赵海军,王高杰,等.人工岛井场布置研究与应用[J].中国化工贸易,2011,3(6):1-3.

[2] 李全星,张志伟,张青锋,等.ZJ50/3150DB 高钻台移动式人工岛钻机[J].石油机械,2016,44(10):37-41.

[3] 张海强.柴油驱动钻机向电驱动钻机的改造[J].科协论坛(下半月),2010(10):22.

[4] 张益,覃建,高翔,等.国内陆上钻机改造趋势分析[J].机械工程师,2016(6):204-206.

[5] 刘郢.浅谈井工厂模式下的钻井设备[J].江汉石油职工大学学报,2014,27(5):56-58.

第一作者简介 崔海弟(1981—),女,2006 年毕业于中国石油大学(北京)石油工程专业;现从事钻井管理工作。

(收稿日期:2021-2-26 本文编辑:白文佳)

基于 AR 技术的智慧化管控平台

王湘崭　　白玉洁　　李艳彩

(中国石油冀东油田公司勘探设计研究院,河北　唐山　063004)

摘　要:为实现油田提质增效的目标,生产管控智慧化是最基本的手段之一。基于 AR 技术的智慧化管控平台,充分利用增强现实技术的视觉化优势和多元化扩展功能以及虚拟标签设计特点,深度达成了高尚堡区域综合监控与安全生产的智能生产服务体系。通过对增强现实技术原理及技术特点的深入研究,借助开放式的架构以及便捷维护、深度扩展功能,利用摄像机与 AR 技术的深度融合,提升了生产管控平台即视化指挥、管控功能,进一步提升了智慧化场站建设的维度。

关键词:增强现实技术;语义化标签设计;管控平台

增强现实(Augmented Reality,简称 AR)技术又称混合现实技术,是一种将真实世界信息和虚拟世界信息无缝集成的新技术[1]。它把原本在现实世界的一定时间、空间范围内能体验但难以表述的实体信息(如视觉信息、声音、味道、触觉等),通过人工智能等科学技术,模拟仿真后再叠加,将虚拟的信息应用到真实世界,被人类感官所感知,从而达到超越现实的感官体验。

在实际应用中,AR 技术以计算机生成的虚拟图形为主体,把摄像机采集到的真实世界信息作为载体,将计算机生成的虚拟物体叠加到真实场景中,使得虚拟物体从感官上成为周围真实环境的组成部分。从技术角度而言,AR 技术是对真实世界的扩张和补充,使其可以和管控者之间进行人机交互,增加指挥过程中对环境的感知度,加强了对现实世界的认知感。AR 技术的前身是虚拟现实(Virtual Reality,简称 VR)技术[2],与虚拟现实技术相比,增强现实技术具有真实感强,具备通过多种方式实现与虚拟物体进行交互的优点。应用这项技术后,真实的环境和虚拟的物体实时地叠加到了同一个画面或空间,这样不仅展现了真实的世界信息,而且将虚拟的信息同时显示出来,两种信息相互补充、叠加,在视觉化的增强现实中,把真实世界与电脑图形多重合成在一起,形成了真实的世界围绕着它而存在着的感官效果。

1　技术原理及实现方式

摄像机是视频监控的重要设备,它通过图像识别、图像比对及模式匹配等核心技术,实现对人、车、物等相关特征信息的提取与分析。摄像机的地理位置信息和物理信息是组成监控信息的重要部分,随着监控技术的安防要求提升,往往不仅需要知道监控区域的画面信息,还需要知道画面内重要物体的具体方位等物理信息。而现有监控摄像机虽然已经可以做到获取摄像机的地理位置信息,但是没有集成获取物理信息的功能,而物理信息的获取大多是通过外部加装传感器来实现的。而且,传感器获取的数据都是直接叠加在视频画面上,这样的信息呈现出缺乏立体感,暴露出枯燥单一的缺点。

而增强现实技术的应运而生,将视频监控提升到新的高度。它将摄像机的视频信息、地理位置信息和物理信息传输到增强现实管理终端上,增强现实管理终端将地理位置信息和物理信息进行图形化处理后叠加在实时画面上。在这样的基础上,不仅能获取监控区域的画面信息,还能获取监控摄像机的全方位信息,使得用户对于地理位置信息和物理信息的感知更为直观,改善了控制体验。

为了实现基于摄像机的增强现实技术,需要通过引入语义化标签设计理念,用于对实景信息的精准定位。实现基于 AR 摄像机的虚拟标签的标注与定位跟踪显示包含四个基本步骤:

(1)获取真实场景视频信息;

(2)对真实场景和相机位置信息进行分析;

(3)生成虚拟标签;

(4)合并视频或者直接显示。

在这个过程中,最关键的是需要通过大量的定位数据和场景信息来保证由计算机生成的虚拟标签可以精确定位在真实场景视频中,且要求在摄像机转动和镜头焦距变化的情况下,虚拟标签能够实时跟随标注物体移动,定位准确。应用 3D 自动定位技术,摄像机内置高精度可变焦镜头,利用坐标自标定算法[3]就能实现标签位置的实时更新,使得虚拟标签准确地跟踪物体,从而在二维视频画面实现虚拟标签点跟随标注物时实现实时无缝对接,确保将计算机生成的图形图像以及声音等信息叠加在终端使用者感知的真实世界之上,增强了后台控制端对真实场景的感知能力。

将 AR 技术应用到生产建设单位的管理系统中,可以体现虚拟事物和真实环境结合的同时,让控制系统界面呈现出真实世界和虚拟物体共存的真实性,这种情况下系统的可操控性和互动性大幅提升。而且,AR 技术大大降低虚拟现实对硬件要求的成本,利用前段的摄像机和后台的软硬件集成服务器就可满足虚拟体验,使 AR 技术在现实世界中更加实用。

2　基于增强现实 AR 技术的管控平台

冀东油田油气集输公司高尚堡区域主要包括高尚堡联合站和高尚堡油气处理厂两个生产站场。高尚堡联合站内各工艺区块 PLC 控制系统分散设置,不利于集中控制管理。而高尚堡油气处理厂建站时间较早,控制设备亟待升级。集中建站以及优化重组油气集输公司高尚堡区域站控系统后,急需搭建一套集生产数据的立体展示与多系统联动功能兼备的生产管控一体化平台。

为了保证综合指挥平台性能可靠,要求系统设计、设备选型、调试、安装等环节都严格执行国家、行业的有关标准及能源行业有关安全防范技术的规定,确保系统运行的高稳定性和可靠性,满足全周期稳定运行。对关键的设备、网络、数据和接口应采用冗余设计,确保系统具有故障智能检测、系统自动恢复的功能。同时,系统运行于网络环境,要求信息传输和数据存储充分考虑保障系统网络的安全可靠性,避免遭到恶意攻击和数据被非法提取、使用的现象出现。另外,随着智慧化场站发展的要求,信息资源整合和开放性共享的要求也越来越高,既要求系统能够多系统融入,也要求管理便捷,易于维护。

基于三维实景 AR 视频展示综合指挥平台,是基于先进的、具有前瞻性的视频图像处理技术,包括远距离监控技术、H.264/H.265 视频编码技术、高点联动技术、增强现实技术、视频智能分析技术的支持。后端采用软硬件一体化的管理模块,形成集成度高、扩展性强,可实现制高点监控、智能分析、视频解码、流媒体转发等指挥联动功能。具体设备配备见表 1。

表 1　三维实景 AR 视频展示综合指挥平台设备表

序号	设备名称	数量
1	AR 防爆摄像机(台)	4
2	系统指挥调度台(套)	1
3	应急指挥管理系统(套)	1
4	数据管理单元(台)	1
5	媒体转发单元(台)	1
6	中心管理单元(台)	1
7	媒体转发单元(台)	1
8	显示大屏(面)	1

前端高点防爆增强现实摄像机、后端一体化设备以及系统平台软件均采用开放式的架构,能够提供完整的 SDK(基于软件开发数据包 SDK 技术接入模式)、API(Application Programming Interface,应用程序接口)等二次开发环境,满足构建统一的视频管理及应用平台的需要。另外前端摄像机、后端监控平台均支持国标 GB/T 28181—2011、GB/T 28181—2016,实现了设备的统一接入、平台的多级联网,为多种视频图像信息资源提供了整合共享功能。

从维护角度而言,前端摄像机支持远程升级和远程故障排除功能,维护便捷,能有效降低系统运维管理成本。同时系统支持自动检测设备运行状态,能辅佐管理人员及时准确地判断和解决问题。后端软硬件集成的设备单元集成程度高、扩展性强,部署运维简单。油气集输公司高尚堡区域的生产站场已经搭建了站内地点位置视频监控体系,借助 AR 的高点摄像机,就能实现在现有控制系统基础上的高低结合、立体组网、全方位视频覆盖的体系。高点监控作为站场区域内高空瞭望系统,具有长焦镜头广视角,能编织成大视野、大场景的园区防控网络,总览全局。同时,联动低点摄像机查看细节,高低呼应,远近结合。采用 VGIS 实景地图、三维建模、二维 GIS 等不同地图形态进行融合应用,将整个生产区域的日常风险信息、报警信息、应急资源、摄像头分布、现场作业情况、人员定位等内容进行直观展示、分析,通过对各种图表以及三维图层渲染来展现各类数据的运行态势,借助可视化的图形图表助力决策分析。

这样建设的生产管控一体化平台采用了先进的AR技术,提供出多种视频的综合应用,支持画中画视频联动、支持联动卡口图片、人像图片等,还支持GPS移动设备(如巡检机器人、移动音视频记录仪等)在视频中实时定位显示,支持多种标签信息叠加在视频画面当中。这种模式有效打破了传统的展现和应用方式,通过视频与AR技术的结合,开发定义出多种业务应用,让生产管控一体化平台的管控能力大幅提升。

建成后的三维实景AR视频综合展示平台(图1),以企业服务总线(ESB)和面向服务体系架构(SOA)为核心,通过界面集成、数据集成、应用集成等手段,可实现本平台各业务应用系统之间与站场内已建系统的无缝集成,有效实现了岗位合并,达到减员增效的目标。同时,平台各系统之间的通信接口打通之后,能够实现信息共享、互联互通,实现统一报警联动机制、统一预案、指挥调度与布控无缝结合,真正形成安全的管理体系,达到事故告警及应急资源可视化、指挥调度立体化、研判分析智能化的目标。

图1 三维实景 AR 视频综合展示平台

3 总结

应用先进智能技术,是"油气集输公司高尚堡区域生产管控示范项目"设计特点,也是冀东油田建设项目中数字化与智能化深度融合的体现。运用先进的AR技术,依托AI识别,实现了全方位安全监控、人员管控、火灾预警、泄漏监测的快速响应。同时强化智能化建设,将站控系统、管理平台的各项数据有机融合,打破信息孤岛,实现了资源优化整合,深度推动了场站管理模式由自动化管理向智能化管理的转型。基于AR技术的智慧化管控平台的建立为油田实现提质增效奠定了基础,也为其他场站智慧化升级改进提供了借鉴。

参 考 文 献

[1] 陈一民,李启明,马德宜,等.增强虚拟现实技术研究及其应用[J].上海大学学报:自然科学版,2011,17(4):412-428.

[2] 刘光然.虚拟现实技术[M].北京:清华大学出版社,2011.

[3] 郑继辉,缪东晶,李建双,等.采用标准长度的激光多边法坐标测量系统自标定算法[J].计量学报,2019,40(1):64-70.

第一作者简介 王湘翕(1973—),女,高级工程师,2007 年毕业于天津大学自动化学院检车装置及自动化专业,获工学硕士学位;现从事仪表自动化工作。

(收稿日期:2020-10-9 本文编辑:白文佳)

Petrological and Mineralogical Characteristics of Dongying Formation in Laoyemiao Structure and Its Influence on Reservoir Physical Properties 2021,(1):1-5

Jin Pengbo(Onshore Oilfield,PetroChina Jidong Oilfield, Tanghai 063299, Hebei Province)

Abstract:Dongying Formation reservoir in Laoyemiao structure is heterogeneous, and its physical properties are controlled by the characteristics of petrology and mineralogy. Based on the analysis of thin sections and cores, from the perspective of different genetic facies and rock types, the petro-mineralogical characteristics of Dongying Formation reservoir and its influence on reservoir physical properties are researched. The results show that the sorting becomes better, the overall roundness is poorer, and the cementation mode changes from pore cementation to contact cementation from the third member to the first member of Dongying Formation. Due to the stable supply, the total amount of terrigenous detritus and component content change little between layers. In Dongying Formation reservoir, intergranular pore is the main pore type. The physical properties of reservoir are closely related to rock grain size, sorting, roundness, contact relationship and grain cementation type. The physical properties of underwater distributary channel in fan delta are the best followed by mouth bar ,and turbidite is the worst; The component content of terrigenous detritus has little effect on reservoir physical properties. The results have certain guiding significance for the study on spatial distribution of dominant reservoirs in Dongying Formation of Laoyemiao oilfield.

Key words:Laoyemiao; Dongying Formation; Characteristics of Petrology and Mineralogy; Reservoir Physical Property

Reservoir Damage Factors and Countermeasures of High Water Cut Reservoir in Nanpu 1-5 area 2021, (1):6-11

Wu Xiaohong (Research Institute for Drilling and Production Technology, PetroChina Jidong Oilfield Company, Tangshan 063004, Hebei Province)

Abstract: With long-term water injection development, complex changes have taken places in the reservoir microstructure and fluid distribution in the later development stage of high water-cut reservoir. Protection technologies short of aim will lead to further damage on reservoir. Taking Dongying Formation Member 1 of 1-5 Block, Nanpu Sag as an example,studies on reservoir characteristics and remaining-oil distribution and reservoir damage mechanism were carried on. With the development of the block, physical properties decreased, pore throat size decreased, heterogeneity increased, remaining oil was mostly trapped in the low permeability strip that has smaller pore throat and higher capillary force. The main damage factors of the low permeability strip were water lock damage, followed by solid phase damage and fluid sensitivity. Proceeding from improving the ability of broad-spectrum film-forming plugging and water-lock prevention, drilling fluid system is improved through optimization of the type and gradation of plugging agent and waterproof locking agent. The core permeability of the improved drilling fluid system can be recovered to over 92%. Field application results show that the average daily production has been significantly increased, the proposed scheme can effectively meet the need of reservoir protection in the later stage of development of high water-cut, mid-Low permeability reservoir.

Key words:High Water-cut; Remaining Oil; Damage Mechanism; Drilling Fluid; Reservoir Protection

Data Processing Method of Oil Water Relative Permeability of Tight Sandstone Reservoir based on Optimal Objective Function 2021,(1):12-16

Zhou Mengyu et al.(Information Center, PetroChina Jidong Oilfield Company, Tangshan 063004, Hebei Province)

Abstract: In order to study the oil−water phase permeability relationship in the porous media of tight sandstone reservoir, a low−permeability reservoir oil−water seepage model considering the influence of the two−phase flow starting pressure gradient and capillary force is established, and the water−flooding experiment data is processed through the automatic history matching method. The relationship between different factors and the relative oil−water permeability of low−permeability cores is studied, and compared with the original JBN calculation method. The results show that when the JBN method uses the single−phase start-up pressure gradient calculation, the oil phase permeability curve remains unchanged, and the relative permeability of the water phase decreases; but in the automatic history fitting method, two−phase flow start−up pressure gradient calculations have two problems. The starting pressure gradient of the phase flow hinders the flow of the oil phase and the water phase, and at the same time reduces the relative permeability of the oil phase and the water phase; when the capillary force is considered in the other two methods, the relative permeability of the oil phase increases, and the relative permeability of the water phase is basically No change; but the change trend of the relative permeability of the oil phase calculated by the automatic history fitting method is more obvious and reasonable.

Key words: Tight Reservoir; Relative Oil−water Permeability; non−Darcy Flow; Capillary Force; Automatic History Matching

Performance Evaluation and Application of Horizontal Well CO_2 Huff and Puff Technology in Heavy Oil Reservoir of Tang19−12 Fault Block   2021,(1):17-23

Gao Donghua et al. (Research Institute for Exploration and Development , PetroChina Jidong Oilfield Company, Tangshan 063004,Hebei Province)

Abstract: Horizontal well is the main development mode of Nanpu convential heavy oil reservoir in Jidong Oilfield. With the development of horizontal wells, most of the horizontal wells have entered the stages of high watercut or ultra−high watercut, which significantly affect the development effects. The technology of CO_2 huff and puff can effectively control the rising rate of watercut in horizontal wells and improve recovery. If the well selection standard is not perfect, blind well selections will reduce the efficiency of the measures. According to the application of CO_2 huff and puff in recent two years, the evaluation index system of CO_2 huff and puff technology adaptability of horizontal wells is further improved, which can be used as the screening basis for reservoirs or single wells before CO_2 huff and puff implemented, and the injection and production process parameters of CO_2 huff and puff are optimized according to the actual conditions of reservoirs. This technology has been applied to the rolling development of heavy oil reservoir in Tang19−12 fault block, and remarkable effects of water control and oil increment have been achieved.

Key words: Heavy Oil Reservoir; Horizontal Well; CO_2 Huff and Puff; Water Control and Oil Increment; Evaluation Indicator

Experiment and Knowledge of Extraction and Profile Modification in Nanpu1−29 NgIV Reservoir   2021,(1):24-29

Xue Cheng et al.(Exploration and Development Department,PetroChina Jidong Oilfield Company,Tangshan 063004,Hebei Province)

Abstract: Aiming at the problem that the conventional fluid extraction effect of shallow reservoirs in Nanpu 1−29 NgIV reservoir is getting worse year by year, and it is difficult to stabilize oil production by water controlling. This paper analyzes the effect of conventional extraction and profile control combined with liquid extraction measures. The single well output can be improved, but the multi-direction effect of the well is limited. When the dominant seepage channel is developed, the profile modification is adopted, and the later extraction is more effective than the conventional extraction method. With using numerical simulation method to fit the optimal time and the reasonable range of the extraction, we have used oil reservoir performance verify its rationality, which has established a set of suitable standard for Nanpu 1-29 NgIV reservoir about well and layer selection, choosing the range of extractiont, choosing the determination time of extract , using water drive curve to extract effect evaluation a whole set of system. And we selected 7 test well group including 10 wells, they have got good results. In the same water-cut stage with adequacy formation energy and remaining oil enrichment area, there is an optimal extraction range. Under the same extraction range, there is an optimal extraction time. The water content in Nanpu 1-29 NgIV reservoir is between 60% and 80%, and the best choice of extraction is carried out at 2.5 times degree of blessing and choosed the decline phase after profile modification . This study effectively guides the efficient development of shallow reservoirs in Nanpu 1-29 NgIV reservoir , which is of great significance.

Key words:Extraction; Profile Modification; Profile Modification Combined with Liquid Extraction; the Time of Extraction; the Range of Extraction;Water Drive Curve

Technical Status and Exploration of High-pressure and Low-permeability Reservoir Protection   2021,(1): 30-33

Zhang Lin(Operation area of Nanpu Oilfield,PetroChina Jidong Oilfield, Tanghai 063229, Hebei Province)

Abstract:A block in Nanpu oilfield is a medium-porosity and ultra-low permeability.The clay minerals are mainly kaolinite and AEMON mixed layer. It has strong water sensitivity.Mismatched external fluid leakage into the formation, prone to hydration and expansion, it is easy to cause formation damage such as clay swelling and particle migration, resulting in a significant decline in production after workover.This paper analyzes the mechanism and existing problems of reservoir damage in the production process of this block. Study on adaptability of reservoir protection technology. It provides a reference for the progress of reservoir protection technology.

Key words:Reservoir Protection;Formation Damage;Production Process;Working Process

Discussion on Calculation Methods of Fine Remaining Oil Saturation   2021,(1):34-39

Ji Shuqin et al.(Operation area of Nanpu Oilfield,PetroChina Jidong Oilfield Company, Tangshan 063004, Hebei Province)

Abstract:To determine the distribution location and the amount of residual oil,according to the relative permeability data of oil field blocks and the viscosity data of oil and water, the relational expression of displacing water multiple and Water saturation is derived. Based on conventional upscaling models, combining the Oil Displacement Theory of Berkeley-Levirt Equation, by the physical differences of each grid, the water saturation in each layer of grid vertically is derived. Then the oil saturation of each fine grid in each layer of the fine model is derived. The calculation results of a block in Jiangsu Oilfield show that, in this paper the method of residual oil saturation of fine model is credible.The advantage of this method is that if the detailed model physical data are known, it is possible to calculate the specific distribution position and the amount of remaining oil,without upscaling model to perform numerical simulation. The calculation methods of residual oil in fine model are significant to determine the specific position and the amount of residual oil.

Key words:Fine Model; Remaining Oil Saturation; Calculation Method; Distribution Location

Trajectory Design and Control Technology for Horizontal Wells with High and Low Borehole   2021,(1):40-46

Wei Shengang (Research Institute for Drilling and Production Technology , Petrochina Jidong Oilfield Company, Tangshan 063004,Hebei Province)

Abstract:The shallow reservoirs in mature blocks such as Gaoshangpu and Nanpu 2-3 in Jidong Oilfield have entered the middle and late stage of waterflooding development with good porosity and permeability and sufficient bottom water, but the remaining oil is enriched in high parts and the top of the layer, so it is difficult to drive. In order to enhance oil recovery furtherly, it is planned to carry out gas cap gravity drive development test of high and low horizontal wells in shallow reservoirs of mature blocks such as Gaoshangpu and Nanpu 2-3. Therefore, a set of well trajectory design and control technology for horizontal wells with high and low borehole are developed. By analyzing the requirements of development test for the design and control of high and low horizontal well trajectory, and the influencing factors such as reservoir depth, reservoir thickness, formation dip angle, prediction error of reservoir depth and tool control ability are comprehensively considered, the horizontal well trajectory design based on "three increases and three stabilities" is determined, and the trajectory design parameters are optimized, the track control technology schemes in different reservoir conditions are formulated. The well trajectory design and control technology of high and low horizontal wells have been applied to 66 wells in the test blocks of gas cap gravity drive development in Jidong Oilfield, and the average drilling rate reached 94%. The geological purpose has been realized and the requirements of later operation have been met.

Key words:Gas Cap Gravity Drive; High and Low Horizontal Wells; Track Design; Control Technology

Research and Application of Anti-high Temperature and High Viscoelastic Gel Profile Control System 2021, (1):47-52

Li Yinghui et al.(Onshore Oilfield,Petrochina Jidong Oilfield Company,Tanghai 063299, Hebei Province)

Abstract:After long-term waterflooding development of the reservoir, the preferential percolation path are relatively developed, the ineffective recycling of water injection is serious, and the remaining oil distribution is complicated. Taking Liu 160-1 fault block as an example, in order to effectively block the dominant flowing path, the depth fluid flow is diversion to increase the swept area of the oil reservoir. Experimental study on anti high-temperature and high-viscosity gel profile control system was carried out. Laboratory experiment results show that the high viscoelastic gel profile control agent has better temperature and salt resistance and better plugging performance. The field test shows that the average water injection pressure was obviously increased after profile control, and the water injection profile was improved significantly. The initial daily oil increase of a single well was 9.4t, the cumulative oil increase during the stage was $0.27×10^4$t, and the producing degree of waterflooding increased by 2.3%. The successful application of this type of depth profile control technology is of great significance for stabling oil production by water controlling in the same type of reservoirs.

Key words:Deep Profile Control; High Viscoelastic Gel; Large Pore Path

Formulation Optimization and Performance Evaluation of Low Pressure Loss Drilling Fluid 2021,(1):53-57

Shen Yuanyuan et al.(Research Institute for Drilling and Production Technology,PetroChina Jidong Oilfield Company, Tangshan 063200, Hebei Province)

Abstract:In view of the technical problems of small annular space and high pump pressure in slim hole sidetrack drilling in Jidong Oilfield, a set of low pressure consumption drilling fluid system suitable for slim hole sidetracking drilling in Jidong

Oilfield is optimized on the basis of formate drilling fluid, and its comprehensive performance is evaluated systematically. The drilling fluid is composed of formate base fluid, drag reducer, filtration reducer and lubricant. It has good rheological properties, low HTHP filtration and strong inhibitory property. The temperature resistance is 120℃, the linear expansion rate of shale is only 6.8%, and the rolling recovery rate of shale cuttings is as high as 97.24%. The simulation experiment of circulating pressure loss shows that the circulating pressure loss of the system is 10.52% and 15% lower than that of polymer drilling fluid and potassium salt drilling fluid at the same displacement, and it has good low friction performance. In the actual drilling process, it can effectively reduce the circulating equivalent density, reduce the pressure holding effect and low pressure loss, which is conducive to the improvement of ROP.

Key words: Circulating Pressure Loss; the Low Pressure Loss Drilling Fluid; Performance Evaluation; Low Friction

The Technology of Operation with Pressure by Preseting Mandrel in an Oil Well   2021, (1): 58-62

Wang Jian(Onshore Oilfield, Petrochina Jidong Oilfield Company, Tanghai 063299, Hebei Province)

Abstract: In view of the problems including long time for pressure releasing, formation damage by kill operation, complex process of operation with pressure, long period and high cost of construction, etc., the technology of operation with pressure by preseting mandrel in an oil well is developed. The control of wellbore and formation pressure can be realized by programming, pressing or mechanical control tools. First, the technology of closing casing pressure, i.e., the opening and closing of tools are controlled by programming or ground pump truck, equipped with switch and packer. The second is the closing pressure of oil pipe technology, which is equipped with the switch and the pump, and the on and off of tools are controlled by the bump pump or jacking rod. Through testing, the supporting tools and methods of operation with pressure are enriched, and the operation with pressure of oil wells is realized, and the purpose of protecting oil reservoirs is achieved.

Key words: Operation with Pressure; Preset Mandrel; Switch

Research on Drilling Rig Modification in Restricted Area of Artificial Island Site——Take Nanpu 1-3 Artificial Island as an Example   2021, (1): 63-65

Cui Haidi et al. (Exploration Development and Construction Engineering Division, PetroChina Jidong Oilfield Company, Tangshan 063004, Hebei Province)

Abstract: In response to the problem of restricted drilling sites in Nambu 1-3 artificial island of Jidong Oilfield, we studied well deployment and rig equipment layout plans, and realized rig batch drilling operations in narrow sites between well groups, safe rig shifting, and unconventional placement of circulation tanks and drilling pumps by modifying the applicability of existing conventional drilling rigs, supporting shifting guides and electric oil substitution equipment, modifying the electric drive of mechanical drilling rigs, modifying circulation tanks and elevated tanks, and modifying pipe sinks and cables. The rig modification technology has been developed for batch drilling in restricted sites.

Key words: Artificial Island; Restricted Sites; Well location Deployment; Drilling Rig Modification

Intelligent Management and Control Platform Based on AR Technology   2021, (1): 66-68

Wang Xiangyu et al. (Research Institute for Survey and Design, PetroChina Jidong Oilfield Company, Tangshan 063004, Hebei Province)

Abstract: In order to achieve the goal of improving the quality and efficiency of oilfield, intelligent production management and control is one of the most basic means. The intelligent management and control platform based on AR technology makes full use of the visual advantages of augmented reality technology, diversified expansion functions and virtual label design features, and deeply achieves the intelligent production service system of comprehensive monitoring and safety production in Gaoshangpu area. Through the deep study on the principle and technical characteristics of augmented reality technology, with the help of open architecture, convenient maintenance and deep expansion functions, and the deep integration of camera and AR technology, the production management and control platform, namely visual command and control function, is enhanced, and the dimension of intelligent station construction is further enhanced.

Key words: Augmented Reality Technology; Semantic Label Design; Management and Control Platform

English Editor: Dong Xiang